东京『岬屋』店主

教你做和果子

〔日〕渡边好树◇著
何凝一◇译

红星电子音像出版社

•目 录•

本书的使用方法

・热源为煤气。在使用电磁炉时，仅锅底发热，所以需要注意观察状态，主动关火，适时调整。
・加热时间等均为参考值，请根据实际的状态进行调整。
・制作方法中黄色标记表示需要特别注意的重点。严格遵照这些方法操作，可减少失败率。

本书使用的主要材料

和果子的材料非常简单。只需准备下面所介绍的材料，便可制作出大部分的和果子。
在和果子的材料用品店和网络上都能买到，非常方便。

红豆

制作红豆粒馅、红豆沙馅的材料。选择富有光泽，颗粒较大的红豆。店铺中的红豆通常都是产自北海道。

精制白砂糖

制作和果子所用的是含糖量较高的精制白砂糖。砂糖难溶解，制作馅料时甜度不够，不建议使用。

上用粉

粳米洗净干燥后碾磨而成，特点是比上新粉的颗粒更细。

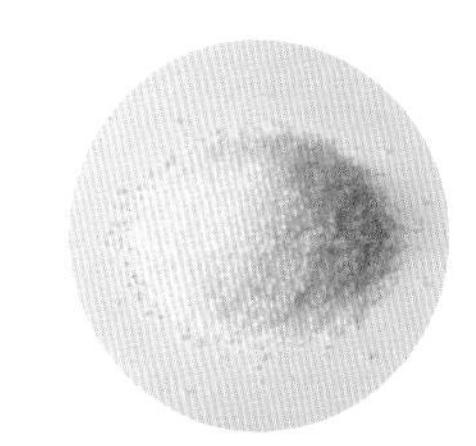

道明寺粉

糯米蒸过后干燥而成。道明寺粉的粗细程度不一，即有纯米粒状，也有部分为粉末状（其中的1/6颗粒较粗）。细腻一些的口感更佳。

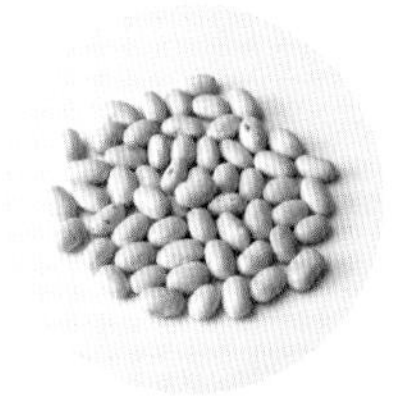

大粒白四季豆

制作白豆沙馅的材料。白四季豆是一种白色的菜豆，以前有大、中、小粒之分，现在仅有大粒白四季豆。

葛粉

从葛根中提取的淀粉，产地为奈良和福冈。有些商品中混入了其他淀粉，所以100%由葛提取的淀粉称为“纯葛粉”。

糯米粉

用糯米碾磨而成，特点是制作出的糯米和果子黏性好，即便冷却后也不容易变硬。

低筋面粉

用小麦粉制成，含有少量可产生黏性的谷朊。制作蒸栗子羊羹时，用作面团或手粉。

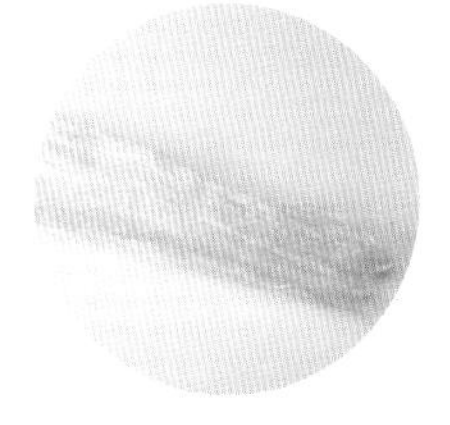

寒天丝

由植物提取的凝固剂。通常情况下，寒天的凝固强度会因商品而异，需要特别注意。与寒天粉和寒天棒相比，寒天丝的凝固强度差异性较小，推荐大家使用。

上新粉

用粳米碾磨而成，制作薯蓣馒头等和果子时使用。上新粉完整保留了粳米的原味。

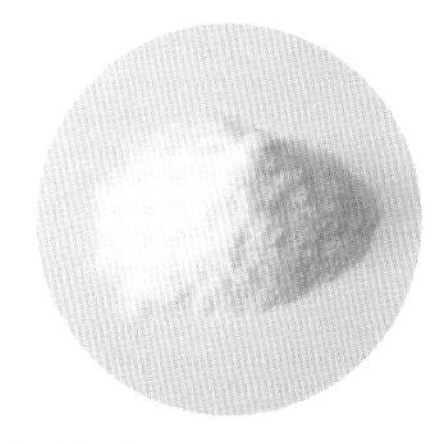

寒梅粉

糯米蒸过后制作出糯米面，烤过后磨成粉状。面粉已经是烤熟的状态，制作半生的和果子时无须加热，可以直接食用。

蕨粉

从蕨菜根中提取的淀粉，口感顺滑且富有弹力。市售的商品中，有的是用其他淀粉制作，但也会称为“蕨粉”,需要留心注意。

冰饼

信州（长野县诹访附近）的传统食品。糯米浸泡在水中，冷冻后置于寒风中干燥而成。可以在制作和果子的材料店购买。

需要熟练掌握的和果子基本技法

即便和果子的形状、颜色、食材存在差异，但技巧和诀窍大多相通。只要掌握基本的方法，就可运用于大多数和果子的制作中。首先，向大家介绍经常用到的“蒸法”和“包法”。

1 蒸法的诀窍

在用葛粉、道明寺粉、糯米粉、上用粉等和果子基本材料制作面团时，蒸是不可或缺的步骤之一。本书中的大部分和果子都需要蒸。此处向大家介绍两个必须掌握的诀窍。

诀窍 1

面团的中心薄，四周厚

家庭用蒸锅的上汽方式因蒸汽孔的位置而异，其特点是周围火力较强，中央较弱。因此，在蒸道明寺面团、黄味时雨面团、糯米面团等食材时，可以用刮刀把面团从中心往四周拨一拨，使中心稍微薄一些。这样能减少蒸制过程中导致的不均匀现象。

诀窍 2

摆放时保持一定的间距

将薯蓣馒头和黄味时雨的面团摆放在蒸锅里，在最后一道蒸制的工序时，相互间至少留出 2cm 的间隔。这些和果子的膨胀程度会超过预期。如果距离不够，蒸好后会粘在一起，需要特别注意。

专卖店使用的“日式蒸笼”

在和果子的专卖店，通常会使用一种名为日式蒸笼的方形蒸笼（左图）。其最大的特点是蒸笼下方塞有一块带单孔的木板（右图）。下方的蒸汽全部集中到一起，从小孔冒出来，蒸气压相当高，蒸出的成品更松软。如果在东京地区，可以请合羽桥等工具店帮忙打孔。如果想制作出地道的和果子，此蒸笼是必备之品。

2 共通的包法

本书中许多和果子都是用面团包住红豆馅制作而成。即便面团不同，包法基本上也是相通的。重复练习就是迈向成功的第一步。利用整个掌心慢慢轻轻包好。

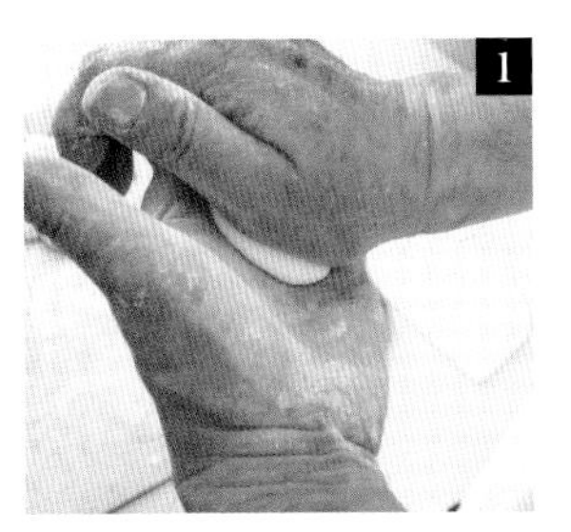

先将一块面团放到左手的掌心，再用右手大拇指的指根部分把面团压平。

压成四周较薄，中央较厚的圆形。

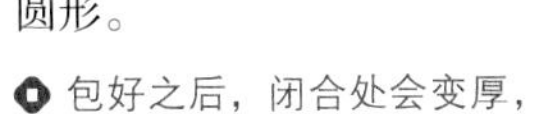

包好之后，闭合处会变厚，所以周围要薄一些。

面团压平后，大小以中间所包豆沙馅团直径的两倍为标准。

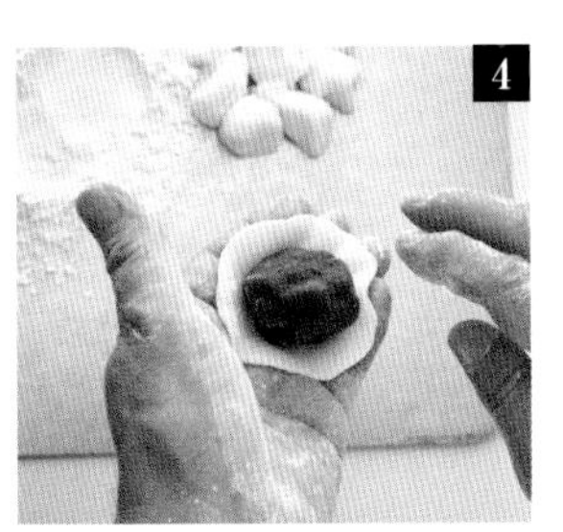

圆形的面皮放到左手掌心，再放上豆沙馅团，左手蜷曲。

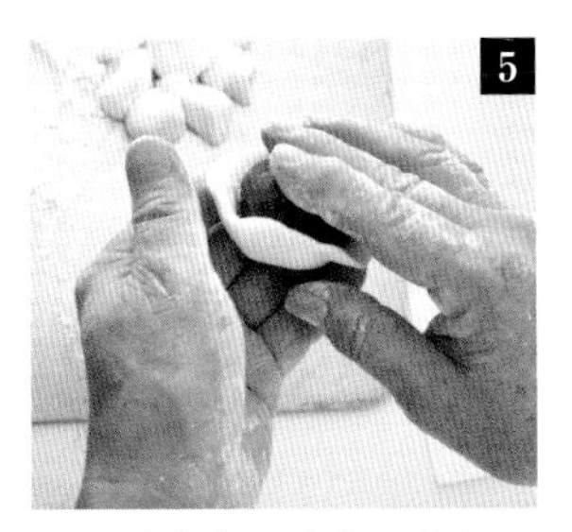

用右手食指和中指压住红豆馅，同时用右手大拇指由下往上拉起面皮，包住豆沙馅团。

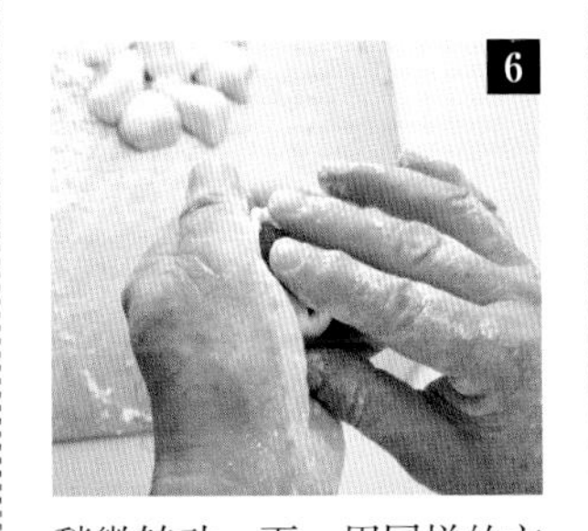

稍微转动一下，用同样的方法由下往上地拉起面皮。

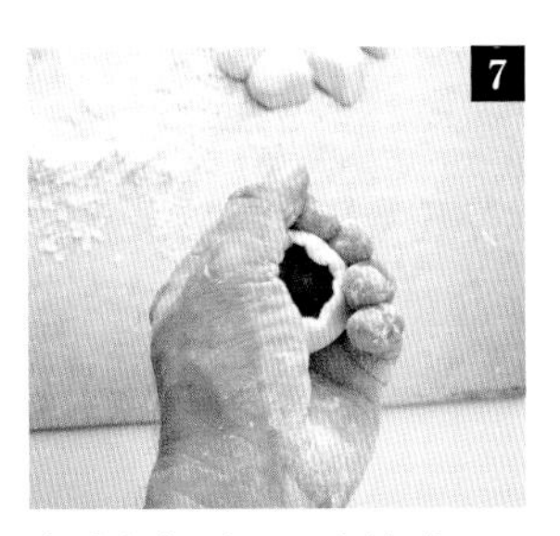

大致包好后，一边转动，一边用大拇指的指腹将面皮的边缘与豆沙馅团捏紧。

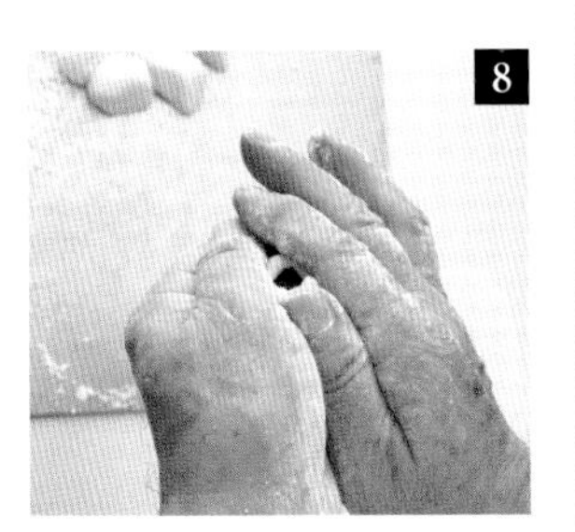

右手的大拇指和食指放到左手的大拇指上，参照制作三角形的要领，收拢面皮的边缘。

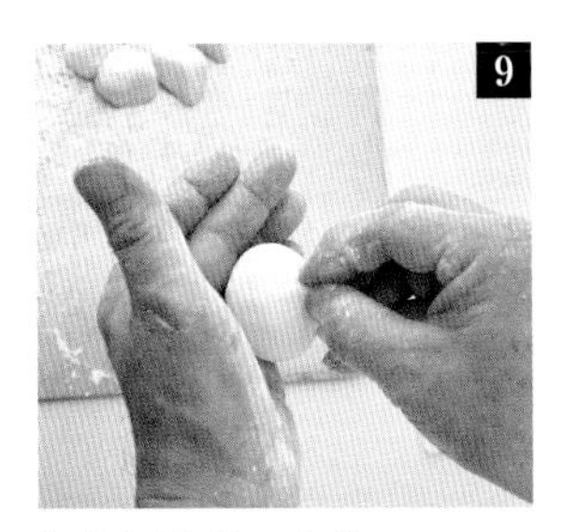

捏住闭合处，合拢。

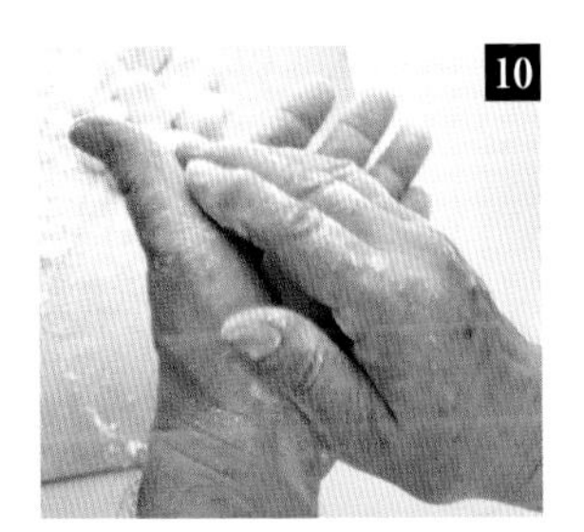

上下颠倒，闭合处朝下，轻轻揉圆。

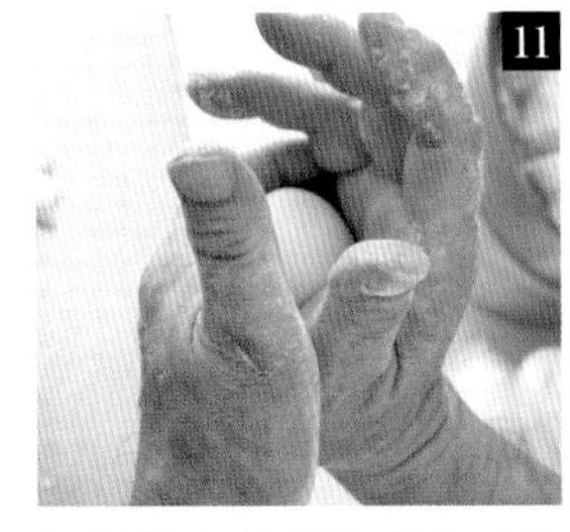

包好的和果子放到左手掌心，用右手的指腹旋转，调整形状。

和果子的专用工具

下面为大家介绍一些平日厨房中不常备、需要专门购买的工具。可在工具店或制作和果子的材料店购买。遇到实在难以入手的工具时，我们会尽量为大家介绍一些可替代的物品。

蒸锅

建议尽量选用“日式蒸笼”（P4），不过家用的普通蒸锅也可以。最好选择盖子重一些，压力大，便于蒸汽扩散的蒸屉。使用前先确认一下上汽是否顺畅，然后再开始蒸。

细格滤网

筛面粉、过滤生红豆馅时使用。家里若有细筛子也可以。上白糖一定要和面粉一起筛滤，如果单独筛滤含糖分的上白糖，会造成网格堵塞。

束口袋

制作红豆沙馅和白豆沙馅时，在与砂糖一起搅拌之前，用于挤干生豆馅的水分。可以用厚平纹布缝制，也可以使用市售的“纱布袋”。

木框

蒸制糯米和果子等液体状的面浆时使用。将木框置于蒸屉中，铺上一块细密的布，注入面浆。图片为店铺中所用的手工制方形木框，不过圆形或不锈钢制的都可以。用圆形的会更方便一些。

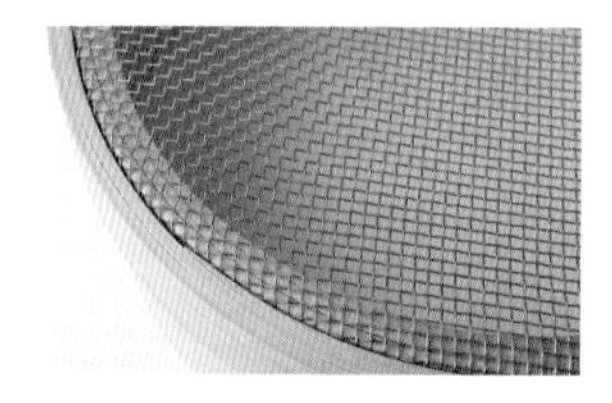

粗格滤网（4 目）

滤网的粗细程度不一，专业人员会通过变换网格的方法灵活使用。本书除了上述的细格外，还有粗格的滤网，用于把黄味时雨和半生和果子的面团筛滤成松散状或滤碎冰饼。

手工刮刀

用糯米果子制作青梅和琵琶等形状时，需要用这种刮刀划出纹理、凹陷。店铺中所用的是竹制刮刀，有的顶端削平，有的顶端削尖。也可以用孩子们粘土手工中的刮刀，顶端削一下即可。

方形模具

制作和果子的材料店通常都是作为“鸡蛋豆腐用工具”出售。采用双层的设计，带有不锈钢材质的隔层，中层的地面与外侧的盒子重叠使用。注入水羊羹等液状面浆，冷却凝固之后可用做木框，放入半生的和果子面团，制作成四方形的成品。

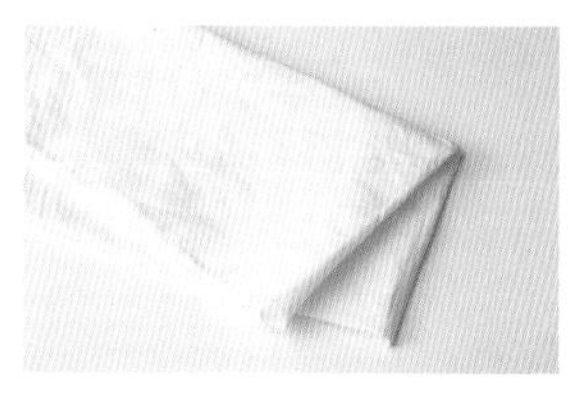

厚平纹布

蒸制糯米果子等液状面浆时使用的细密厚布料。面浆不会渗漏，又透气，浸湿拧干后可再使用。并非是特殊布料，在普通的布料店即可购买。

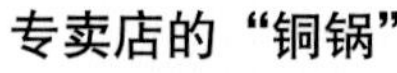

专卖店的“铜锅”

在煮红豆馅、搅拌葛粉等需要加热混合时，可以使用这种碗状的铜制小锅，通称“铜锅”。整体受热均匀，蓄热效果佳，最重要的是没有边角，混合时不易煳锅。能有这样的工具，会方便许多。可以用中式炒锅代替，如果用普通锅，建议选用边角光滑的雪平锅。

用专业的技法

在家里制作和果子

想在家里做和果子，

想要味道更好一些。

为了满足大家的愿望，

我们倾囊相授几种可在家制作的

和果子技法。

另外，还会介绍『岬屋』和果子店制作的『醇味红米饭』。

薯蓣馒头

简单而富有格调，从古至今都是茶席上经常出现的和果子。“薯蓣”即山药，是用山药面皮包住红豆馅蒸制而成。隐约散发出的山药香味，柔软顺滑的面皮，便是薯蓣馒头独特的味道。

掌握基本的做法之后，可以通过上色、变换形状的方法丰富种类。首先要介绍最基本的“酒窝”的制作方法。由此可以衍生出剥去表面薄皮，别有一番风味的“胧”；面团中掺入柚子皮，带有颜色的“柚子”；形状便于在家中制作的“松茸”。

参照季节和个人的喜好，稍稍加入一些创意，就能制作出多样化的和果子。比如，面皮变成浅红色即是“夜樱”，还可以在上面压出樱花的烙印；剥去黄色的薄皮，从远处看仿佛油菜花田的“油菜籽”，压上蝴蝶的烙印之后更加栩栩如生。

制作出美味的四大关键

山药的选择方法

这款和果子的味道取决于山药的品质。想要蒸好后薯蓣馒头的口感绵软，必须要选择手感硬、水分少、黏性强的山药。“大和芋”生长于排水性良好的土壤之中，可用于制作薯蓣馒头。

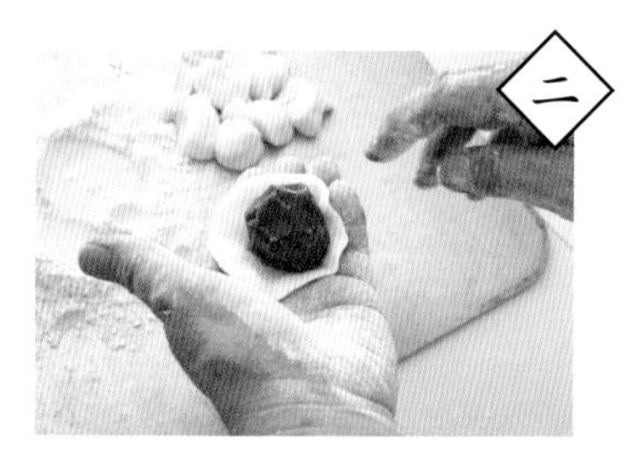

面皮与红豆馅的比例为1:2

面皮与红豆馅的重量比为1:2，是最佳的平衡状态。如果红豆馅多面皮少，会导致面皮的水分蒸发过多，失去顺滑的口感。如果面皮多，则会过度膨胀，容易裂开。

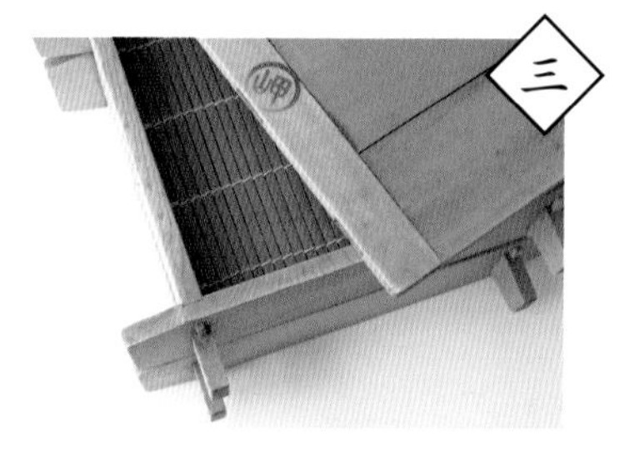

使用高密闭度的蒸锅

店铺中使用的是蒸气压较高，蒸出的和果子口感松软的“日式蒸笼”（P4）。家庭制作时，可选用盖子较重，密闭程度较高的蒸锅，热水烧至通常的沸腾状态即可。

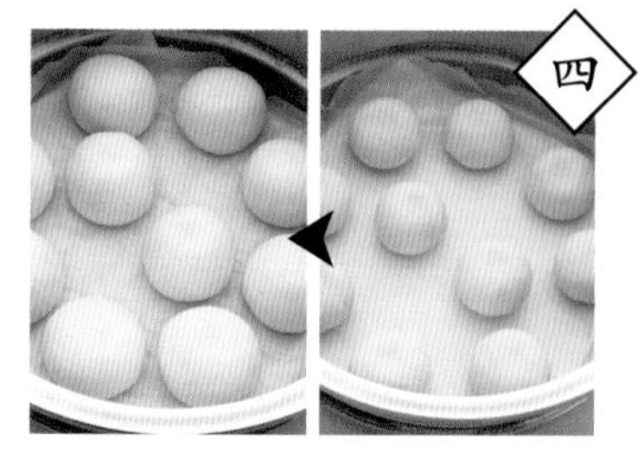

蒸时保持间隔

薯蓣的面团是用上新粉和低筋面粉制作而成，比想象中更容易膨胀。为了避免蒸好后粘在一起，摆放时相互间至少要间隔2cm。

柚子
松茸
胧
酒窝

酒窝

又圆又白的馒头中央点上一点红。造型简约，是庆祝喜事时食用的和果子。酒窝的制作方法是所有薯蓣馒头的基础，务必掌握。

材料（30个的用量）

大和芋[*1]	100g
砂糖（上白糖）	240g
上新粉	120g
低筋面粉	40g
红豆沙馅（P86）	900g
手粉（低筋面粉）	适量
芝麻油[*2]	适量
食用红色素	少量

*1 大和芋是日本出产的一种山药品种。本书中关东风味使用的是“大和芋”，关西风味使用的则是“佛掌芋”。

*2 建议选用香味浓郁的芝麻油。没有的话，也可以用色拉油。

需要特别准备的工具

・研钵

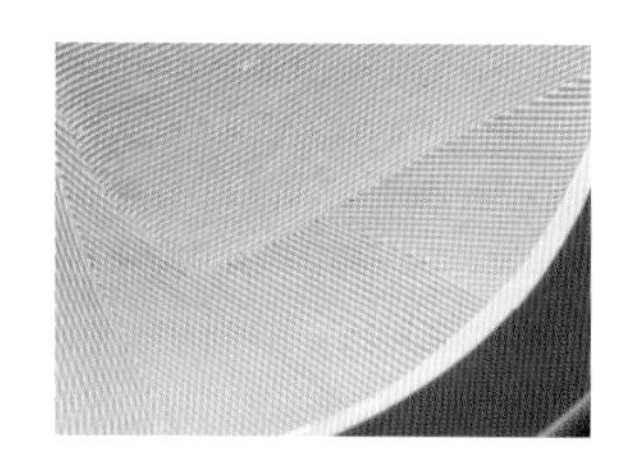

传统的日本研钵从底面到边缘都有棱纹，绕一周之后，边缘处呈凹陷状。研钵里的食材可以从这里倒出来，非常巧妙的设计。

从大和芋较宽的头部开始，削去厚厚的一层皮。细窄的部分不用削皮。削完后立刻浸泡到水中。

◆ 削去颜色较深的部分。与空气接触后，颜色会变得更深，影响美观。涩味过重的话，可以在醋水中浸泡一下。

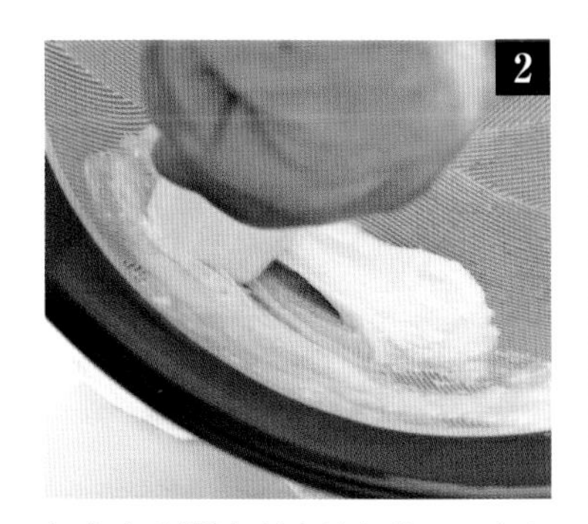

握住步骤1未削皮的部分，用大和芋抵住研钵，沿着与棱纹垂直的方向摩擦。包括研钵边缘凹陷的棱纹在内，使用其中的 1/3 进行研磨。

◆ 摩擦时与凹槽呈直角，磨出来的山芋更细腻、均匀、蓬松。如果是用绕圈式研磨，磨出来的山芋会粗一些，需要注意。

磨至一定程度后，沿棱纹将大和芋泥聚到一起，移至碗中。削去细窄部分的皮，用同样的方法研磨后，也移至碗里。

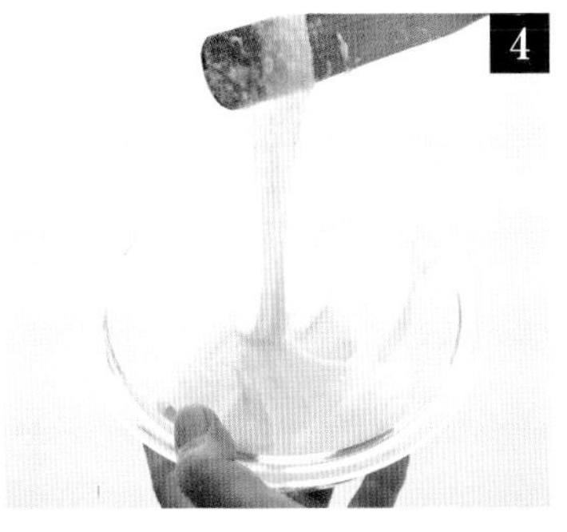

用刮刀挑起磨好的所有大和芋，如果完全不会滑落，说明黏性过强，需要加入相当于山芋量 1/10 的水混合，调整黏稠度。

◆ 选择黏性较强的山药，可自行调整状态。水分较多的山药则无法增强黏性。

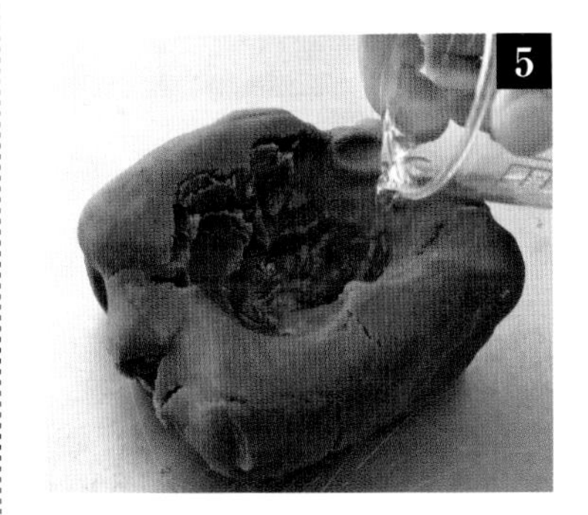

和红豆馅。将红豆沙馅置于台面上，中央呈凹陷状，注入少量水，一边压碎一边揉匀。

◆ 蒸熟之后，在余热的作用下水分会蒸发，导致红豆馅变干。所以需要先加一些水。

加几次水，揉匀揉软。这样才能充分展现出黏性。

红豆沙馅从 30cm 的高处摔下时，如果下半部分会散开呈扁平状，需要再加水揉匀。红豆沙馅能贴在台面上，取用时会有少许粘住的状态为宜。

◆ 所用的总水量以 35mL 为参照标准，可根据红豆沙馅的原始状态调整。

步骤7揉成棒状，从顶端以 30g 为单位，撕成小块。再轻轻揉圆，制作成红豆沙馅团。然后整齐地摆放到铺好布的方盘中。

制作面团。滤网与碗重叠，倒入砂糖、上新粉、低筋面粉，一起筛滤。之后将残留在滤网上的砂糖取出。

◆ 砂糖含有糖分，单独筛滤会发黏，使残留在滤网里的砂糖无法溶解，形成块状后，滤网便无法使用了。

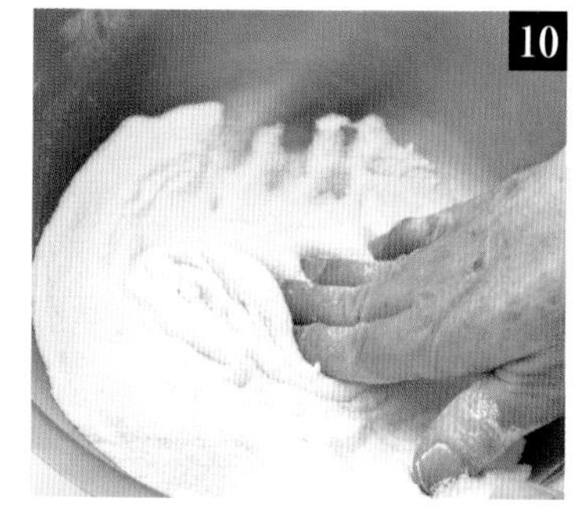

步骤4倒入步骤9中，将周围的面粉一点点揉入其中，慢慢把面粉和大和芋泥混匀。

◎利用手的温度化开砂糖，混匀面粉与山芋泥。

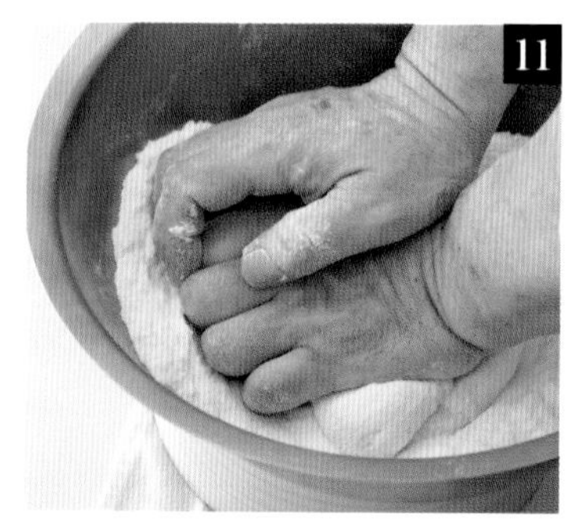

混合至一定程度后，把全身的力量集中到双手，用力揉。

揉成团后折叠几次，参照步骤11的方法，把全身的力量集中到双手，再继续用力揉，如此重复。如果面团粘在碗上，可以撒一点手粉，调整表面。

制作成形。在台面上撒些手粉，抹开，取出步骤12。用刮板4等分切开，用保鲜膜包住其中3块，以免变干。来回转动，拉成细长形。以15~16g为单位从顶端切开，然后轻轻揉圆。

在台面上轻轻压平。一边转动面皮，一边用右手大拇指的指根拉伸成圆形，中央部分稍厚。中途加一些手粉，一点点拉伸。面皮的直径以所包红豆沙馅团直径的2倍为准。

参照P5的包法，包住红豆沙馅团。上下颠倒调整形状，用手腕的骨头部分轻轻压一下顶部，形成凹陷。包好后摆放在方盘里，敷上保鲜膜，蒸之前再揭开。剩余的3块面团也按步骤13 ~ 15的方法制作。

将厨房用纸和烘焙纸重叠后铺到蒸屉里。将步骤15做好的馒头以2cm的间隔放好。

◎可以在蒸屉里放入圆形的木框，放上铁丝网，在拥有一定高度的状态下铺上厨房用纸，防止沸腾的热水涌上来，避免失败。

蒸屉与锅盖间放一块布，蒸锅冒气后蒸12分钟左右，蒸好后如图。先在烘焙纸上涂一层薄薄的芝麻油，放在铁丝网上。手上也抹一点芝麻油，取出馒头后摆放到铁丝网上，冷却。

用少量的水化开食用红色素，放入厨房用纸浸湿，用竹扦的顶端蘸取厨房用纸上的食用红色素。轻轻在馒头中心凹陷处点一下，留下红印。

全年

胧

材料和制作方法都与酒窝相同，但只需剥去一层薄皮，便呈现出完全不同的效果，给人一种淡淡的朦胧感。这种手法适用于任何一种薯蓣馒头。

材料（30 个的用量）

大和芋……………………… 100g
砂糖（上白糖）…………… 240g
上新粉……………………… 120g
低筋面粉…………………… 40g
红豆沙馅（→ P86）……… 900g
手粉（低筋面粉）………… 适量
芝麻油 * …………………… 适量

* 建议选用香味浓郁的芝麻油，也可以用色拉油代替。

需要特别准备的工具

・云龙纸等的薄和纸（切成边长 10cm 的正方形）30 张。

制作方法

❶ 参照 P11~12“酒窝”步骤 1 ~ 17 的方法制作，蒸好馒头。

❷ 手上抹一层薄薄的芝麻油。和纸放到左手上，把步骤❶的馒头蒸好后顶部朝下放在纸上，包好（a）。

趁热完成，但也要小心烫伤。冷却后会变得难剥。

❸ 上下颠倒，连着和纸一起轻轻剥去表皮。剥掉一半后，一口气将剩下的剥完（b）。

薯蓣馒头的薄皮与和纸的纤维摩擦后可以把皮剥下来。

a

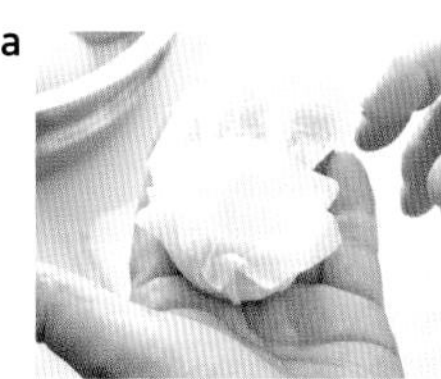

b

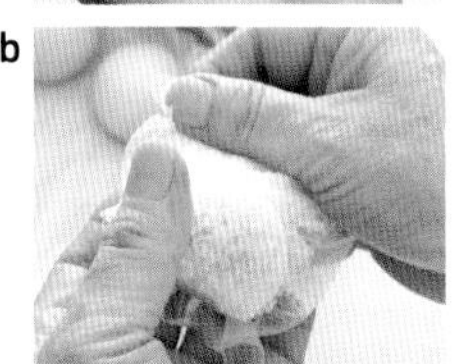

11月
12月

柚子

面团中加入柚子皮，散发着清香的薯蓣馒头。
11月中旬以前染成绿色，而晚秋至冬天是柚子成熟的季节，染成黄色。

材料（30个的用量）

大和芋	100g
砂糖（上白糖）	240g
上新粉	120g
低筋面粉	40g
红豆沙馅（→P86）	1050g
手粉（低筋面粉）	适量
芝麻油 *1	适量
柚子皮 *2（磨碎）	1/4个
食用色素（绿色）*3	少量

* 1 建议选用香味浓郁的芝麻油，也可以用色拉油代替。
* 2 此处使用的是青柚子，黄柚子也可以。
* 3 黄色与蓝色参照10：1的比例混合也可以。

制作方法

❶ 参照P11~12“酒窝”步骤1~11的方法制作，制作面团和豆沙馅团。

❷ 用少量的水化开绿色食用色素。当步骤❶的面团揉至一定程度后，在其中加入少许化开的绿色食用色素（a），将颜色揉均匀。

❸ 加入柚子皮（b）后揉匀。再参照“酒窝”步骤12的方法揉成一团。

❹ 参照“酒窝”步骤13~15的方法包好（c），再用步骤16~17的方法蒸好，冷却。

冬日的茶席上，有时也会用温热的柚子。放到蒸锅中蒸8分钟，冷却至温热时食用。

a

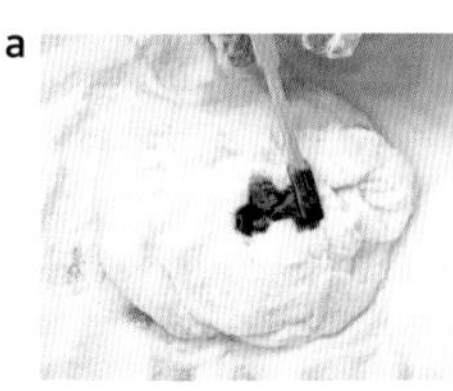

b

c

松茸

造型可爱的松茸在家里也可以轻松地制作出来，动手试一试吧！不过，如果面团的软硬度与本书所提及的不符，制作起来就比较困难，需要特别注意。

材料（30个用量）

大和芋………………………… 100g
砂糖（上白糖）…………… 240g
上新粉……………………… 120g
低筋面粉…………………… 40g
红豆沙馅（→P86）……… 900g
手粉（低筋面粉）………… 适量
芝麻油*…………………… 适量
桂皮粉（锡兰肉桂的粉末）
…………………………… 适量

* 建议选用香味浓郁的芝麻油，也可以用色拉油代替。

需要特别准备的工具

· 铁扦（烧烤用扦也可以）

制作方法

❶ 参照P11~12“酒窝”步骤1～12的方法制作面团和豆沙馅团。参照P5包好后调整成纺锤状（a）。

❷ 从面团左侧1/3的位置开始，用大拇指和食指捏紧，制作出中间较细的部分（b），当做松茸的菌伞。菌伞的正下方形成明显的凹槽，而剩余的菌柄则调整出平滑的蓬松感（c）。菌柄的下部放在无名指上，轻轻压成凹陷状。

❸ 用刷子迅速地在菌伞和菌柄下方的凹陷部分刷上桂皮粉，轻轻吹去多余的粉末，然后参照“酒窝”步骤16～17的方法蒸好，冷却。

❹ 加热铁扦，沿菌伞顶端的弧线压上去，留下烙印。

烧烤用的铁扦更方便使用，压出烙印后给人一种紧实的印象。

a

b

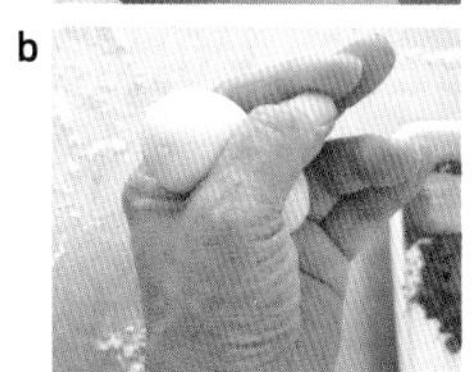

c

用面皮包裹的和果子

以关东风味的樱饼为代表，用顺滑筋道的面皮包住红豆馅后煎焙即可。面皮所用的面浆是以低筋面粉和寒梅粉为基本材料，经过煎焙后制作而成。因此，只需在面浆中加入不同的颜色，和果子呈现出的效果就截然不同。煎焙好的面皮十分柔软，可以尝试不同的包法，也可以按个人喜好将红豆沙馅换成红豆粒馅，运用各种技法创作出风格多样的作品，一定要动手试试看哦！除了这次介绍的以外，还有一种秋天特有的和果子，它是将面浆调制成黄色，煎焙出圆形的面皮，对折后调整成银杏的形状。

但是，红豆馅中析出的水分会稀释面皮，所以这种和果子不适合盛夏时制作，最佳时节是秋天至初夏。

店铺里是使用铜板煎焙面浆，本书的主旨在于介绍能在家轻松完成的和果子，所以选择了电饼铛代替。相较于常见的圆形电饼铛，方形的电饼铛在煎焙时受热更均匀。另外，要选择表面未经过压纹处理的完全平整的电饼铛。

制作出美味的四大关键

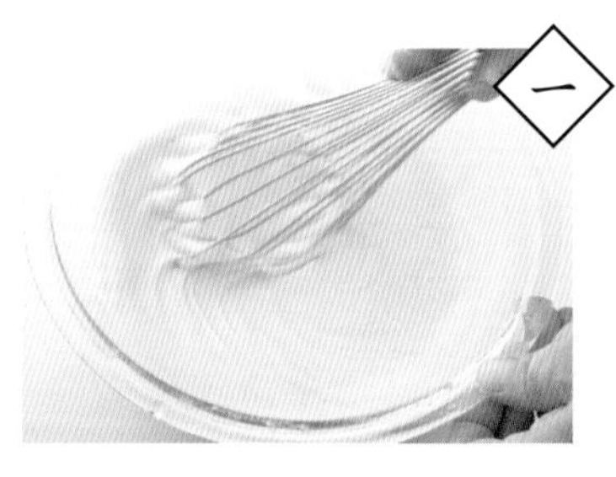

避免面浆黏性过强

为了保证和果子的外观漂亮，面皮尽量不要焦糊或厚薄不均。因此，调制的面浆要能迅速摊开。切勿过度搅拌，导致黏性过强。

注意面浆不要往下滴

这种黏稠的液体状面浆很容易滴落，处理起来比较麻烦。用圆勺舀起面浆后，先将勺底放在碗边，让面浆沿碗的内侧往回流一些，这样就不会往下滴了。

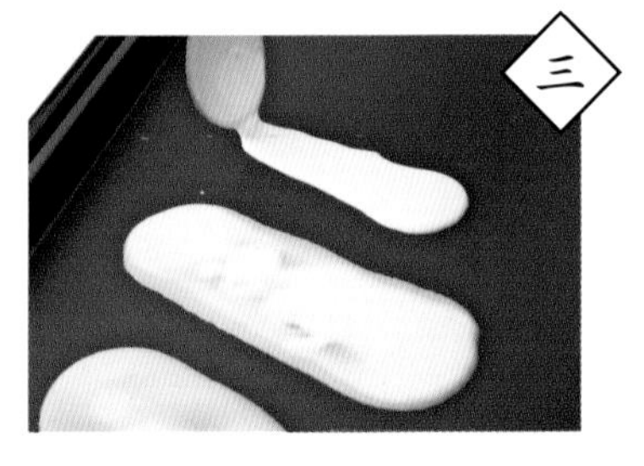

不要带有焦黄色

樱饼是浅红色，牵牛花是纯净的白色，因此面皮上不要带有焦黄色。但是，用低温慢慢煎焙的话，面皮会变得绵软，影响口感。煎焙时请注意调节温度。

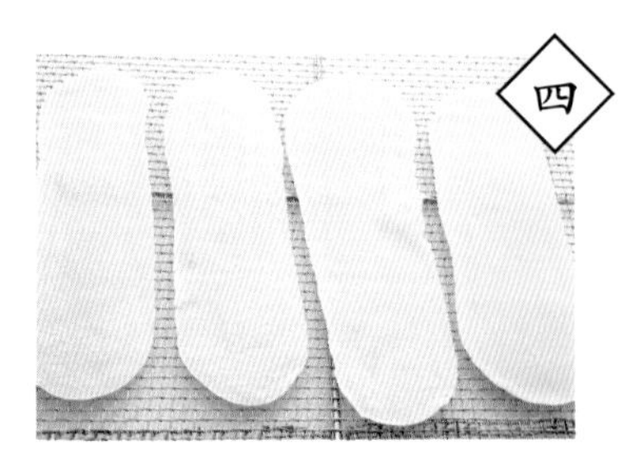

煎焙好的面皮有正反面之分

最开始煎焙的一侧为和果子的正面（外侧）。由于这一面的纹理更为细腻，颜色更明亮，煎焙好之后务必要将此面朝上放置，直至冷却。

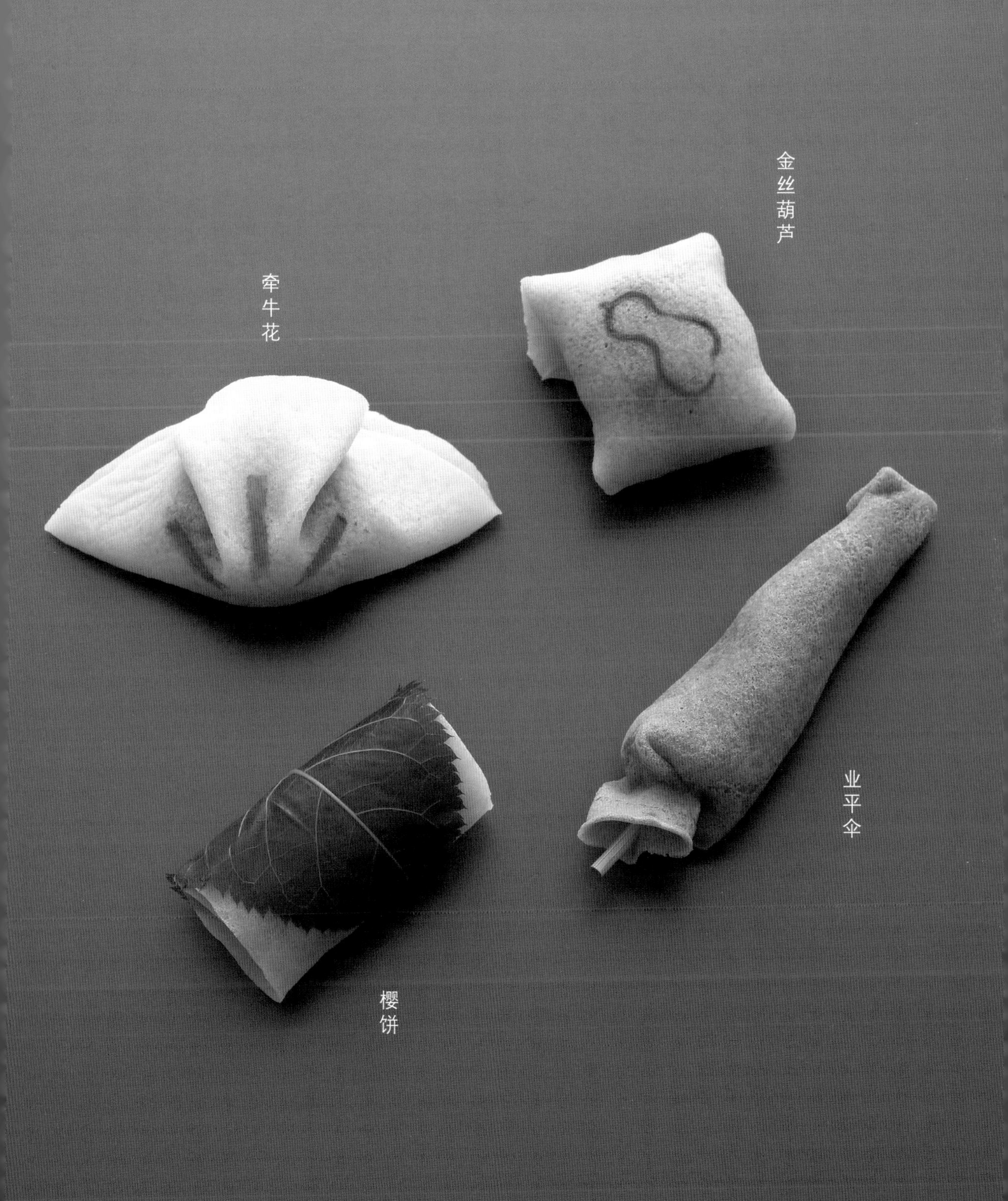
金丝葫芦
牵牛花
业平伞
樱饼

樱饼

一款关东风味的和果子，浅红色的面皮让人联想到樱花，中间卷着红豆馅。先来学习一下『用面皮包裹的和果子』的代表吧。调制面浆的颜色时可以稍微浅一些，因为煎焙之后会变深。

材料（25 个的用量）

低筋面粉……………………… 200g
寒梅粉………………………… 30g
砂糖（上白糖）…………… 60g
水…………………… 420~440mL
食用红色素…………………… 少量
红豆沙馅（→ P86）……… 625g
芝麻油 [*1]…………………… 少量
盐渍樱叶 [*2]………………… 25 片

*1 建议选用香味浓郁的芝麻油，也可以用色拉油代替。

*2 樱叶的茎部朝上，拿好后用水冲洗。擦干水汽后再把茎切掉。

需要特别准备的工具

- 容量约 70mL 的圆勺（制作铜锣烧的勺子更方便）
- 电饼铛（建议选用方形、未经过压纹处理的电饼铛）

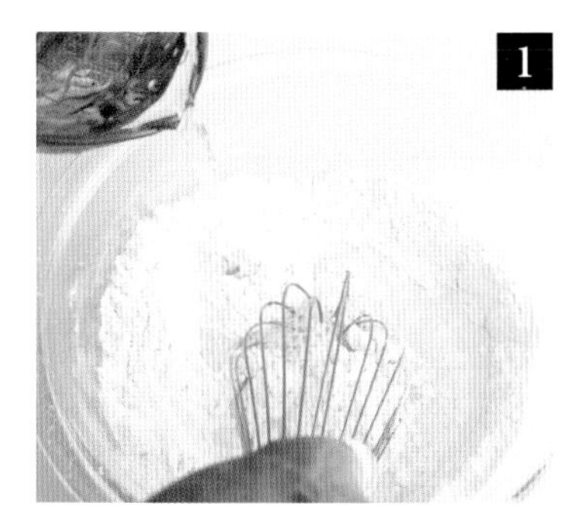

低筋面粉、寒梅粉、砂糖一起筛滤到碗里，再加入70%~80%的水（分量内）。

用打蛋器轻轻混匀，呈顺滑状。

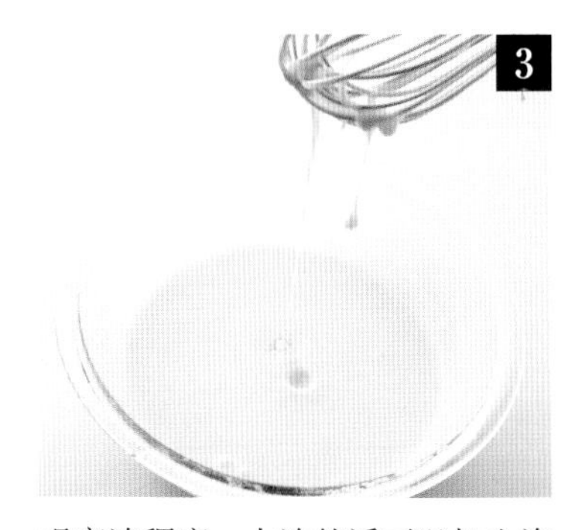

观察浓稠度，太浓的话可以加少许水，然后再观察一下状态。提起打蛋器时，挂在上面的面浆会迅速滴落即可，以此为参考标准。

用少量的水（分量外）化开食用红色素，在步骤3中加入1滴，混合均匀。如果颜色较浅，则一点一点添加，调整颜色。

◆ 煎焙之后颜色会变深，所以上色的时候可以稍微浅一些。

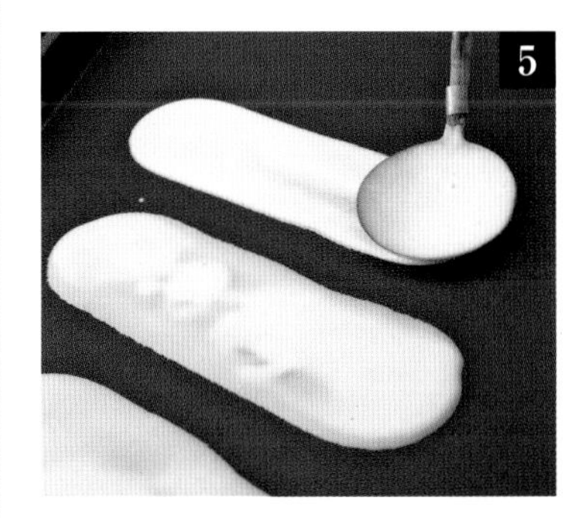

电饼铛加热至140~150℃，涂上一层薄薄的芝麻油。用圆勺舀起约70mL的步骤4，倒在电饼铛的铁板上，呈细长的泪滴形。然后用勺背摊开，长约20cm，宽约5cm。

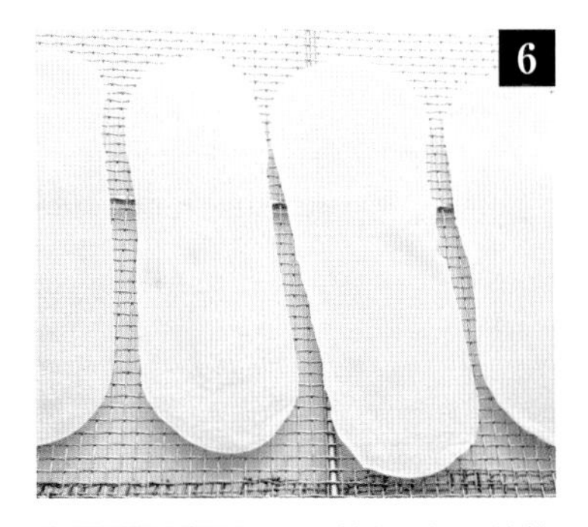

变透明后翻面，用同样的方法煎焙另一面。在铁丝网上铺一层烘焙纸，把煎焙好的面皮放在上面，冷却。最开始煎焙的一侧朝上。

◆ 最开始煎焙的一侧为正面（外侧），请按同一方向摆放，方便辨认。

红豆沙馅以25g为单位，分成25块。然后分别揉成圆形，放到湿毛巾上，来回滚动成椭圆形。

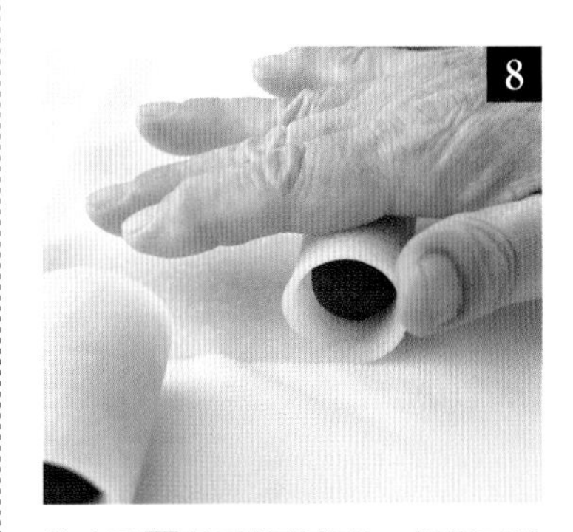

将步骤6最开始煎焙的一侧朝下放好，内侧放1块红豆沙馅，用手往前推，卷好。

盐渍樱叶放到手掌心，把步骤8卷边朝内地放到樱叶上。卷边与樱叶的顶端对齐后卷好。

业平伞

有说法称，此名源自于《伊势物语》，原型是原业平等富贵人家所用的伞，适合6月食用。面浆中加入香味浓郁的桂皮，并采用红豆味更醇厚的红豆粒馅。

材料（25个的用量）

低筋面粉……………………… 200g
寒梅粉………………………… 30g
砂糖（上白糖）……………… 60g
水…………………… 420~440mL
桂皮粉（锡兰肉桂的粉末）… 2g
红豆粒馅（P86）………… 625g
芝麻油*…………………… 适量

* 建议选用香味浓郁的芝麻油，也可以用色拉油代替。

需要特别准备的工具

・容量约70mL的圆勺（制作铜锣烧的勺子更方便）
・电饼铛（建议选用方形、未经过压纹处理的电饼铛）
・团子用竹扦25根

制作方法

❶ 低筋面粉、寒梅粉、砂糖、桂皮粉一起筛滤到碗里，加入70%~80%的水（分量内）。参照P19“樱饼”步骤2～3的方法制作面浆。

❷ 电饼铛加热至140~150℃，涂上一层薄薄的芝麻油。用圆勺舀起约70mL的步骤❶，倒在铁板上，用勺背摊成直径约14cm的圆形，再摊开成泪滴状。参照“樱饼”步骤6的方法煎焙后冷却。

❸ 红豆粒馅以25g为单位，分成25块。分别揉成圆形，放在湿毛巾上。用手掌腹部旋转成三角锤的形状。将步骤❷最先煎焙的一侧置于下侧，红豆粒馅放在中央（a）。

❹ 从顶端开始，像画弧线一样旋转面皮，卷好（b）。较宽的一侧拧一圈（c），再轻轻往回压一下，然后用团子的竹扦直插入其中。另一侧的顶端折叠。

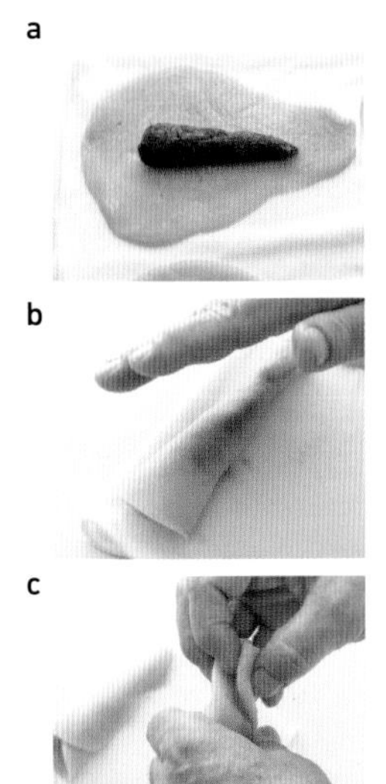

牵牛花

包裹红豆馅时，在面皮上制作出褶皱，寓意为刚盛开的牵牛花，是适合7月食用的和果子。完成后用牙签蘸取桂皮粉，画出直线，表现出花瓣的意境。

材料（25个的用量）

低筋面粉……………………… 200g
寒梅粉………………………… 30g
砂糖（上白糖）……………… 60g
水…………………… 420~440mL
红豆沙馅（P86）………… 625g
芝麻油*…………………… 少量
桂皮粉（锡兰肉桂的粉末）
…………………………… 适量

* 建议选用香味浓郁的芝麻油，也可以用色拉油代替。

需要特别准备的工具

- 容量约70mL的圆勺（制作铜锣烧的勺子更方便）
- 电饼铛（建议选用方形、未经过压纹处理的电饼铛）
- 牙签

制作方法

1. 参照P19“樱饼”步骤1~3的方法制作面浆。
2. 电饼铛加热至140~150℃，涂上一层薄薄的芝麻油。用圆勺舀起约70mL的步骤1，倒在铁板上，用勺背摊成直径约14cm的圆形。然后再参照“樱饼”步骤6的方法煎焙后冷却。
3. 红豆沙馅以25g为单位，分成25块。分别揉成圆形，用手掌稍微压平一些。将步骤2最先煎焙的一侧置于下方，红豆沙馅放在中央偏外的位置（a）。
4. 从内侧拉起面皮，两端制作出褶皱，盖住（b）。再轻轻压一下。
5. 用牙签较粗的一端蘸取桂皮粉，在中央、左右画出细线（c）。

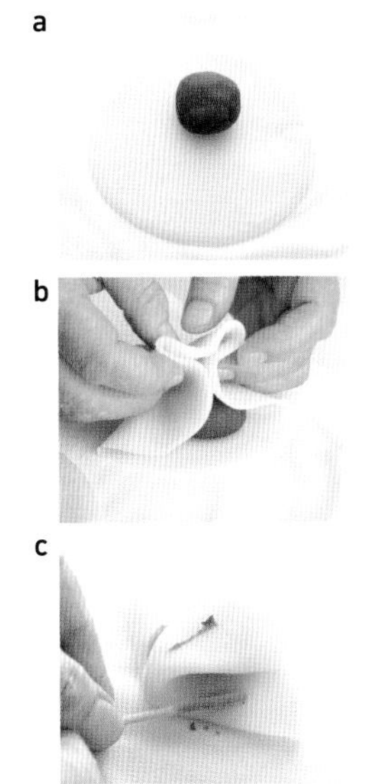

金丝葫芦

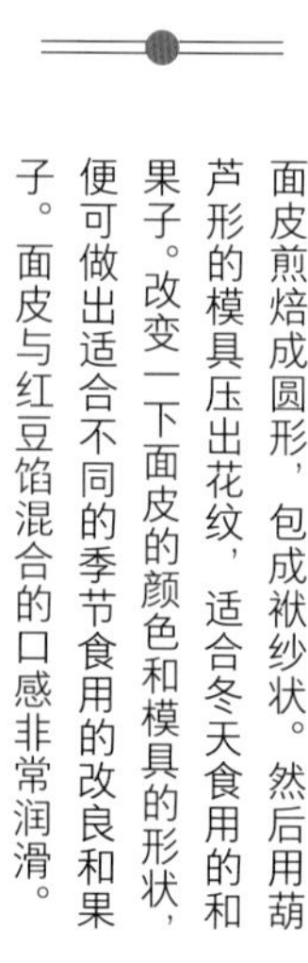

面皮煎焙成圆形，包成袱纱状。然后用葫芦形的模具压出花纹，适合冬天食用的和果子。改变一下面皮的颜色和模具的形状，便可做出适合不同的季节食用的改良和果子。面皮与红豆馅混合的口感非常润滑。

材料（25 个的用量）

低筋面粉…………………………… 200g
寒梅粉…………………………………30g
砂糖（上白糖）……………………60g
水………………………… 420~440mL
红豆沙馅（P86）……………… 645g
芝麻油 * ……………………………少量
桂皮粉（锡兰肉桂的粉末）…… 适量

* 建议选用香味浓郁的芝麻油，也可以用色拉油代替。

需要特别准备的工具

- 容量约 70mL 的圆勺（制作铜锣烧的勺子更方便）
- 电饼铛（建议选用方形、未经过压纹处理的电饼铛）
- 葫芦形状的模具（烙铁也可以）

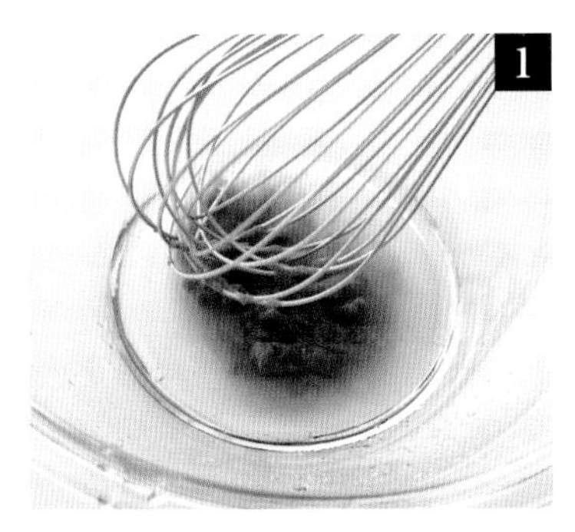

把 20g 红豆沙馅倒入碗中。加入少许水（分量内），用打蛋器将其化开。

将粉类和砂糖一起筛滤到步骤1的碗中，加入剩余 70%~80% 的水（分量内）。参照 P19“樱饼”步骤2 ~ 3的方法，轻轻混合后制作出面浆。

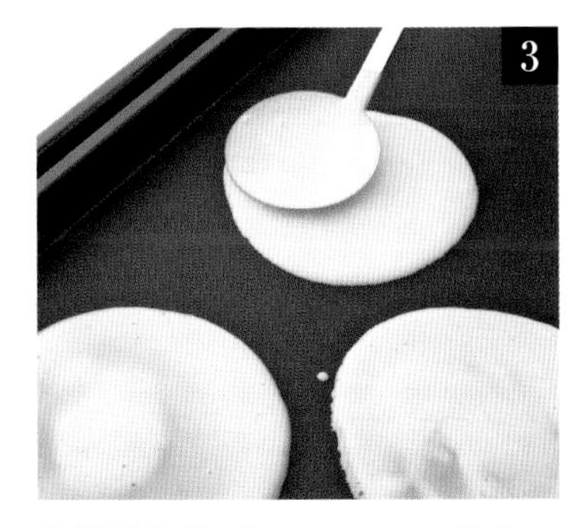

电饼铛加热至 140~150℃，涂上一层薄薄的芝麻油。用圆勺舀起约 70mL 的步骤2，倒在铁板上，用勺背摊成直径约 14cm 的圆形。然后再参照“樱饼”步骤6的方法煎焙，冷却。

剩余的红豆沙馅以 25g 为单位，分成 25 块。分别揉成圆形，用手掌稍微压平一些。将步骤3最先煎焙的一侧置于下方，红豆馅放在中央。

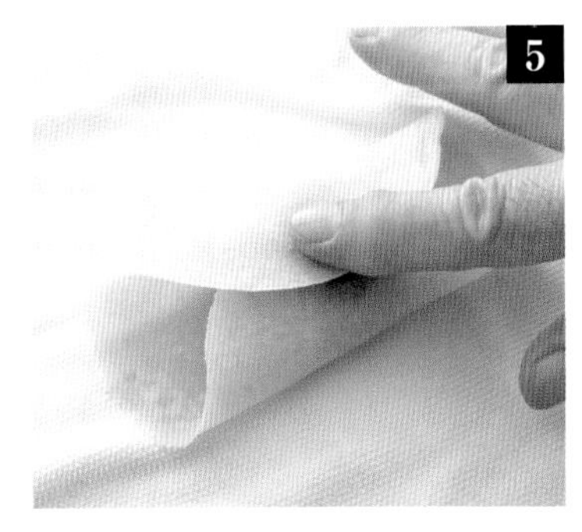

拉起面皮的内、外两侧，盖住红豆馅。

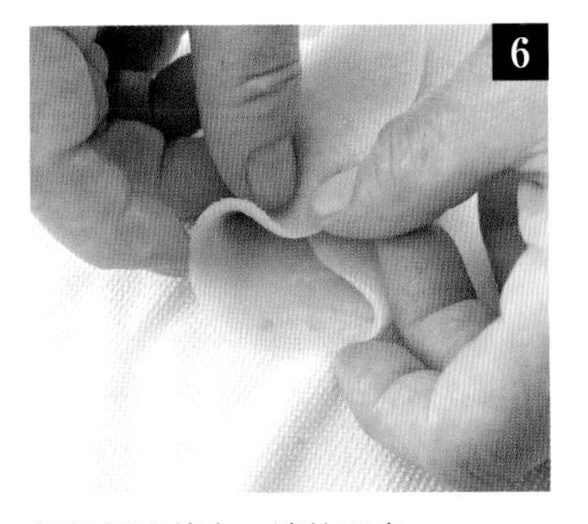

轻轻折叠其中一端的面皮。

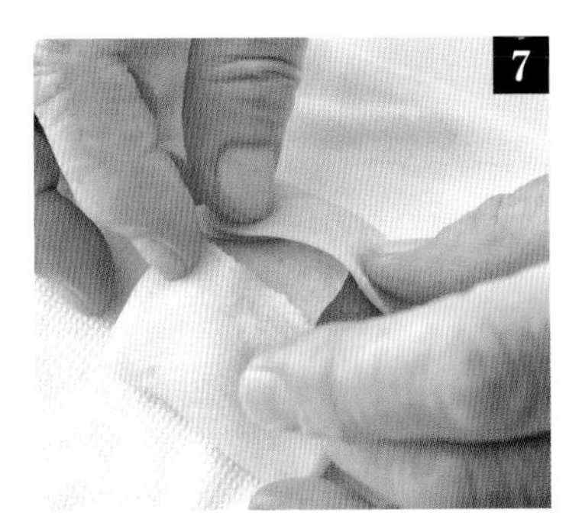

另一端也折叠好，使面皮紧绷。

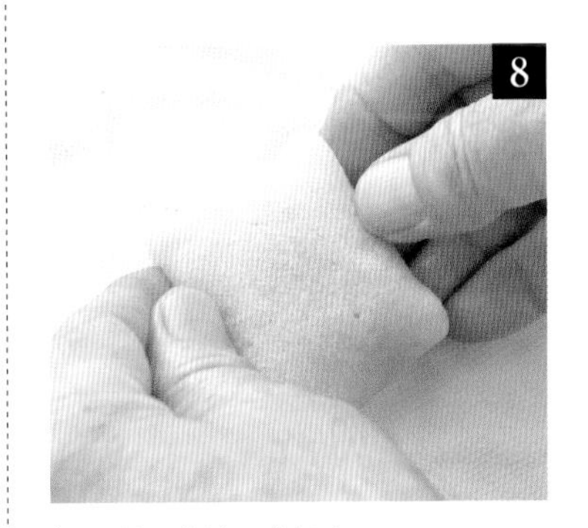

折叠的一侧朝下放置。

用葫芦模具（或者烙铁）蘸取桂皮粉，轻轻压在步骤8上，留下花纹。

● 提前用纱布包好桂皮粉，用模具按压纱布包敲击，蘸取适量的桂皮粉，压印处清晰的花纹。

用道明寺粉包裹的和果子

糯米浸泡在水中，蒸熟、干燥后即是道明寺粉。起源于大阪尼寺、道明寺制作的一种可保存的“干粮”，因此而得名。

用水浸泡、蒸熟之后，自然散发出糯米的味道，口感顺滑而黏软，十分独特。参照1/6的比例（其中1/6的颗粒较粗）研磨，在某种程度上可以保留颗粒感，充满回味。和果子的材料用品店均有售卖，可以去找找看哦！

道明寺粉与红豆馅的味道相辅相成，其中最具特色的是关西风味的樱饼，以及初春时制作的用椿叶夹住的椿饼，这两种都是道明寺和果子的代表作。当然，还有很多其他品种。下面我们会为大家介绍几种初夏和晚秋食用的和果子。先分别制作好面团，再用冰饼和面粉营造出不同的氛围。

制作出美味的四大关键

道明寺粉的粗细比例

道明寺粉的粗细程度不一，此处使用的是口感非常独特的1/6比例研磨的道明寺粉。粉类的吸水性较强，保存时请在密闭容器中放入干燥剂。

注意防止结块

道明寺粉是“干粮”，且原料是糯米，所以非常容易吸收水分。先倒入一半的水，整体搅拌均匀后再加入剩下的水混合，防止结块。

让面团成形的三大帮手

道明寺粉制作的面团水分较多，且相对柔软，直接接触会粘在手上，无法揉捏出漂亮的形状。根据不同类型的和果子，用水、冰饼、面粉进行处理后再揉捏成形。

方便在茶席上使用的冰饼

对于茶席上食用的和果子，冰饼是非常实用的材料。压碎后，涂抹在道明寺粉和葛粉等水分较多、黏性较大的和果子底部或包装纸上，这样就不会与容器紧紧地粘在一起了。同时也能表现出对客人的用心。

樱饼
薰风
果子饼

3-4月

樱饼

用道明寺粉包裹的和果子，其中最具代表性的就是关西风味的樱饼。道明寺粉制作的面团非常柔软，因此在蘸水的同时，要用手指仔细地调整形状。不要用手掌，否则会完全粘在手上。

材料（20个的用量）

道明寺粉 *1 …………………… 200g
砂糖（上白糖）…………… 120g
水………………………… 300mL
食用红色素………………… 少量
红豆沙馅 *2（P86）……… 500g
盐渍樱叶 *3………………… 20片

*1 使用颗粒细腻的道明寺粉（其中1/6的颗粒较粗）。
*2 豆沙馅团以25g为一团，准备20个馅团。
*3 将樱叶的茎部朝上拿好，用水冲洗。擦干水汽，再把茎切掉。

将砂糖、一半的水倒入锅中，混合溶解。加入道明寺粉，用打蛋器搅拌均匀，然后再倒入剩余的水，搅匀。

◘ 如果水分较多，道明寺粉容易结块。所以先加入一半的水，完全溶解后加入剩余的水。

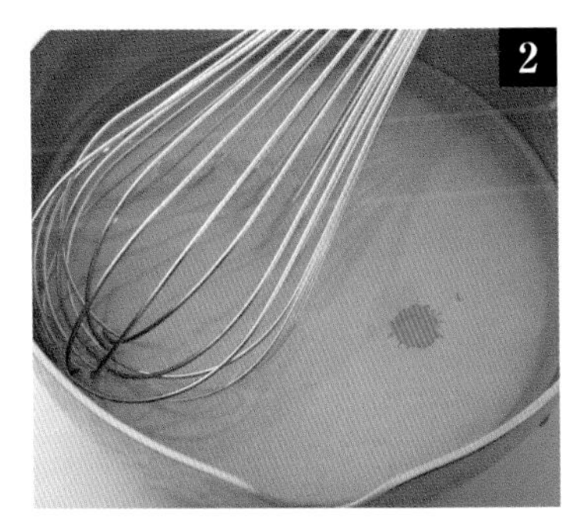

用少量的水（分量外）化开食用红色素，再在步骤1中滴入1滴，使色素融入其中。如果颜色较浅，可适当添加。

用小火加热，不时搅拌，把水分熬干一些。

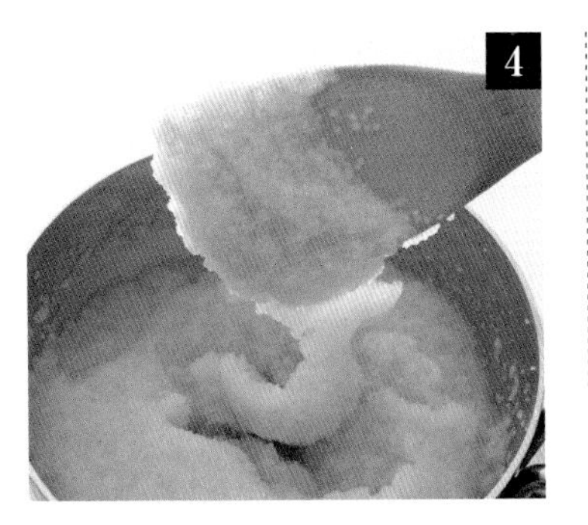

沸腾后关火，利用余热将水分完全熬干。

在蒸屉中铺一层烘焙纸，再倒入步骤4，使中央稍微凹陷。用冒气的蒸锅蒸20分钟左右。

◘ 用最基本的方法蒸制，但为了蒸得更均匀，中间要薄一些。

趁热连着烘焙纸一起取出来，移到碗里。用蘸过水的木质刮刀轻轻搅拌均匀。

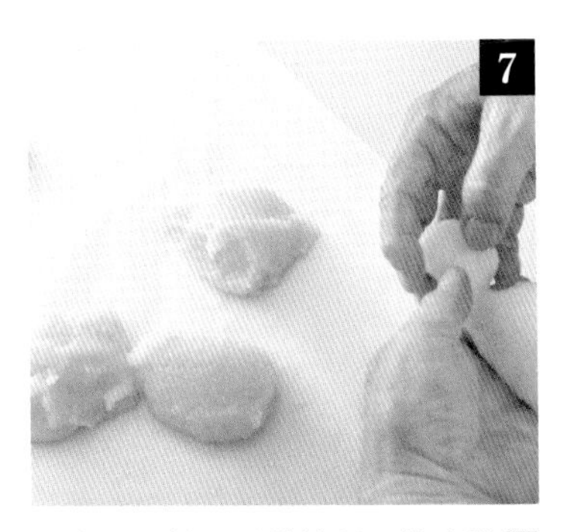

在台面上铺一层烘焙纸，将步骤6分成4份。两手浸湿后将面团捏成棒状，以30g为单位（20等分）从顶端将棒状的面团撕成小块，再揉圆。

◘ 面团很容易粘手，请一边蘸水一边操作。在家里制作时，可以做得稍微大一些，方便包红豆馅。

步骤7放到手中，趁热用手指压薄四周，使面团呈直径约6cm的圆形。再放上豆沙馅团。

◘ 用手掌压的话会粘在手上，必须要用手指。

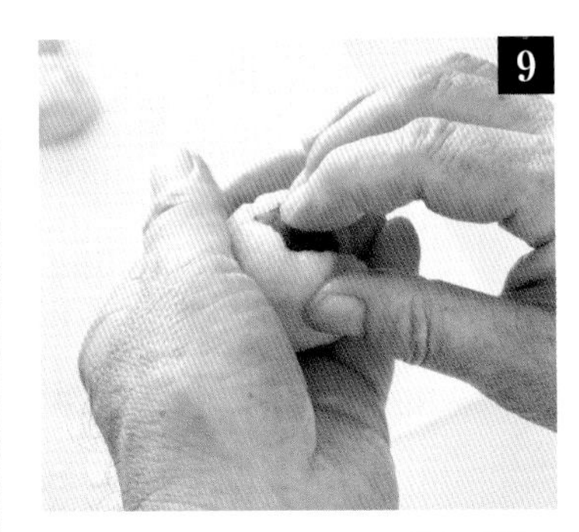

参照P33“牡丹饼”步骤11 ~ 16的方法包好，调整成椭圆状。最后用盐渍的樱叶卷好。

薰风

樱饼的改良作品。浅绿色的面团与白豆沙馅，搭配清爽如5月的和煦微风。周围撒上冰饼，不仅让柔软的面团处理起来更容易，还给人熠熠生辉的视觉感。

材料（20个用量）

道明寺粉 [*1] …………………… 200g
砂糖（上白糖）…………… 120g
水………………………… 300mL
食用色素（绿色）………… 少量
白豆沙馅 [*2]（P94）……… 500g
冰饼……………………… 适量

*1 使用颗粒细腻的道明寺粉（其中1/6的颗粒较粗）。

*2 豆沙馅团以25g为一团，准备20个馅团。

需要特别准备的工具

・粗格滤网（4目）

制作方法

❶ 参照P27“樱饼”步骤1～4的方法制作。在步骤2时，将食用色素换成绿色，着色。

❷ 参照“樱饼”步骤5的方法，放到蒸屉里。

❸ 粗格滤网放到方盘中，冰饼放到滤网上。手掌由上而下垂直用力，将冰饼碾碎（a）。

◘ 冰饼的质地松软，如果用手拿着在滤网上摩擦，粉末会变得过于细腻。如果没有粗格滤网，用芝士擦丝器代替也可以。

❹ 步骤❷蒸好后，参照“樱饼”步骤6的方法制作。分成4份，逐一放到步骤❸的方盘里，没有沾到冰饼的顶面朝内折叠，形成棒状（b）。

❺ 以30g为单位，20等分后从顶端将棒状的面团撕成小块，表面裹上冰饼，揉圆。再用手掌压平，放上豆沙馅团（c），参照P5的方法包好。

a

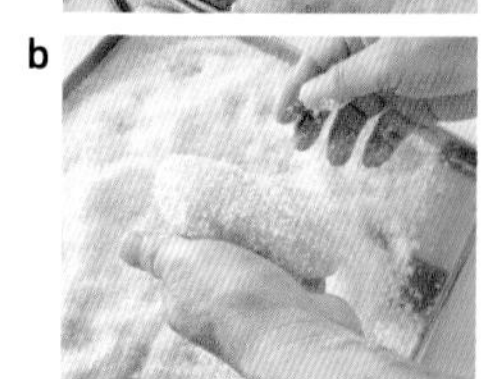

b

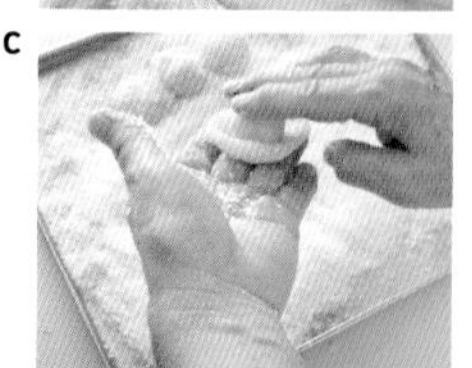

c

果子饼

11月，深秋的傍晚，枝头还挂着仅剩的果实。面团与红豆沙馅混合后，自然地表现出果实熟透的颜色。借助面粉，让柔软的面团更容易成形。

材料（20个的用量）

道明寺粉[*1]……………………200g
砂糖（上白糖）……………120g
水……………………………300mL
红豆沙馅[*2]（P86）………560g
手粉（上用粉与太白粉按相同的比例混合）…………………适量

*1 使用颗粒细腻的道明寺粉（其中1/6的颗粒较粗）。
*2 豆沙馅团以25g为一团，准备20个馅团。

需要特别准备的工具

・铁扦（烧烤用扦也可以）

制作方法

❶ 将60g红豆沙馅倒入碗中，加入一半量的水溶解。再倒入砂糖，混合后加入道明寺粉，搅拌均匀，避免产生结块。接着倒入剩余的水。

❷ 参照P27“樱饼”步骤3～5的方法制作面团，放到蒸屉里。在方盘里撒上手粉。

❸ 蒸好后，参照“樱饼”步骤6的方法制作。分成4份，逐一放到步骤❷的方盘里，顶面朝内折叠，形成棒状。

◘ 与豆沙馅混合后的面团不容易冷，稍微放置一会儿。

❹ 以30g为单位，20等分后从顶端将棒状的面团撕成小块，表面裹上手粉，揉圆。再用手掌压平，放上豆沙馅团（a），参照P5的方法包好（b）。最后轻压底部，呈略微扁圆的形状。

❺ 拂去多余的面粉。铁扦充分加热后在顶部烙出十字形的印记（c）。

a

b

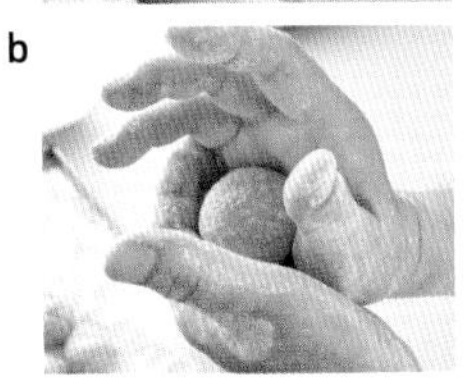

c

简单的豆馅和果子

“馅”是和果子的命。馅的好坏决定了和果子的味道。本书从P84开始，详细介绍了豆类的煮法。各位一定要试试制作洋溢着浓郁红豆味的岬屋派豆馅，感受真正的醇味。

下面我们会为大家介绍4种用豆馅制作的简单和果子。用豆馅包裹、让红豆寒天原浆冷却凝固或简单地蒸一下……方法多种多样，每一种都散发着不同的韵味。

制作出美味的三大关键

一

使用水分少、偏硬的豆馅

本书所用的豆馅在某种程度上去除了水分，豆的味道更浓郁。正因为偏硬，所以可以用豆馅包住芯，制作出“牡丹饼”之类的和果子。另外，还可以用水稀释后，制作出“水羊羹”，味道同样不错。

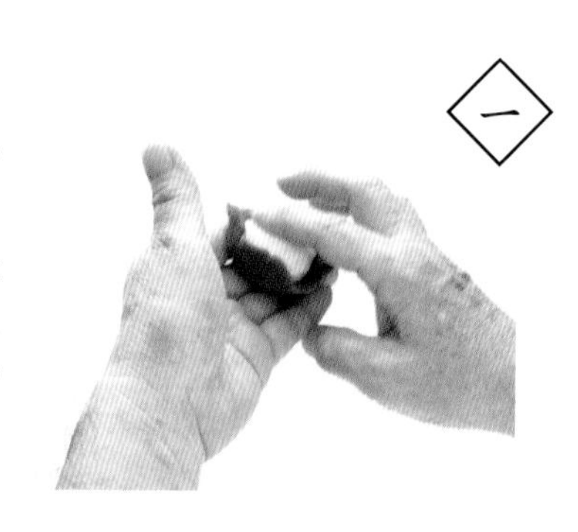

二

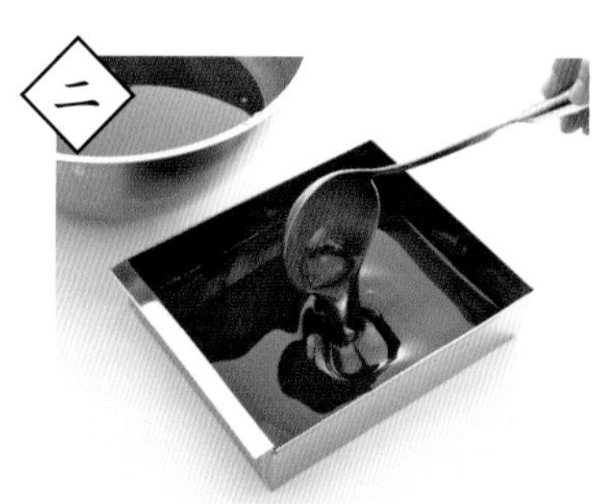

豆馅较重，会产生分离

制作“水羊羹”等和果子时，在用水溶解豆馅后等待其凝固的过程中，要特别注意“分离”。豆馅较重，容易沉到下方，因此要放在冰水中搅拌，适当冷却至容易凝固的状态后再注入到模具中。

蒸时注意和果子会变干

蒸好的和果子在冷却的过程中，水分会随热气一起蒸发，容易变干。切勿迅速降温，要自然冷却，可以事先在豆馅中加点水，也可以盖上一层竹帘……

三

全年

牡丹饼

牡丹饼的妙趣在于品味香醇的糯米芯与回味无穷的红豆馅。每颗米粒都粘在一起，口感柔软而又筋道，同时还能透出糯米的清香，这才是我们所追求的芯。

材料（18 个的用量）

糯米…………………………… 200g
水…………………………… 500mL
自己喜欢的豆馅*………… 540g

* 按个人口味从红豆粒馅（P86）、红豆沙馅（P86）、白豆沙馅（P94）中选择。

糯米洗干净，滤水。与 300mL 的水一起倒入锅中，放置一晚，让米充分吸水。

◘ 为了品尝到芯的真正美味，请用纯糯米制作，不要与大米混合。

用中火加热，一边煮一边用木质刮刀搅拌。水分变少后调至小火，不停地搅拌，防止煳底。水分变干后关火。

◘ 由于糯米中富含水分，加热之后口感会更加柔软而又筋道。

在蒸屉中铺上一块大布或烘焙纸，将步骤**2**倒入其中，中央稍微凹陷。用蒸锅蒸 20 分钟左右。

蒸好后连同布一起取出，用浸湿的饭勺将糯米移到碗中。

◘ 温度非常高，小心烫伤。

用浸湿的研钵棒将其中一半的米粒捣碎，此状态称为“半杀”。如果糯米的量较少，可以直接用饭勺捣碎。

在台面上铺一张烘焙纸，步骤**5**分成小份后放到纸上。冷却至手可以触摸的温度。

以 30g 为单位，将自己喜欢的豆馅分开，揉成馅团状（此处为红豆粒馅、红豆沙馅、白豆沙馅 3 种）。

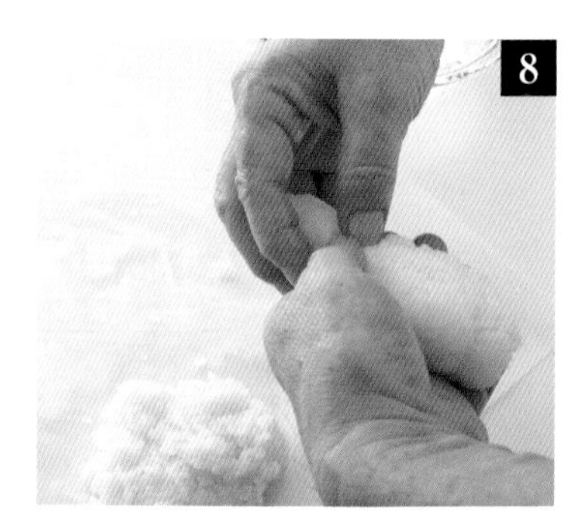

两手浸湿后，取步骤**6**的其中一块，揉成棒状。用一只手拿好，从大拇指和食指之间挤出来，呈圆形。然后用力揪下来。

每个糯米团调整成 25g 左右，放置至完全冷却。

步骤7的馅团（此处为红豆沙馅）放到手中，揉成圆形，再用手掌压平。直径以6cm为参照标准。

步骤9放到步骤10上，右手压住糯米，左手稍稍弯曲，用豆馅包住糯米。此时还能看到糯米。

◘ 用本书所授方法制作的豆馅水分含量少，质地偏硬，可以用手直接包。

用右手的食指和中指轻轻压着糯米，同时顺时针转动，慢慢往上拉伸豆馅。

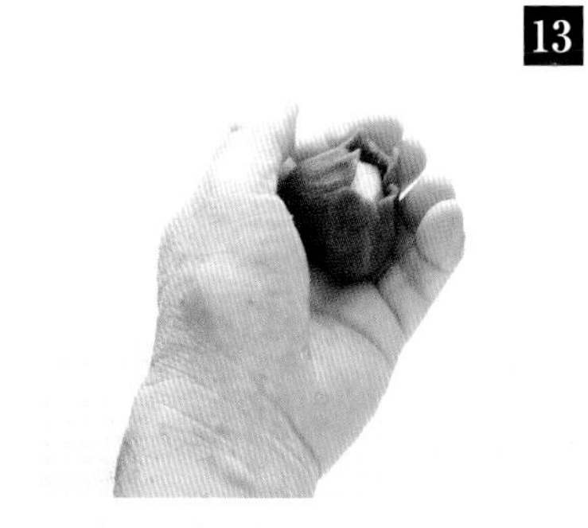

豆馅往上拉伸至图片所示的样子后，停止转动。用手指轻轻压一下糯米。

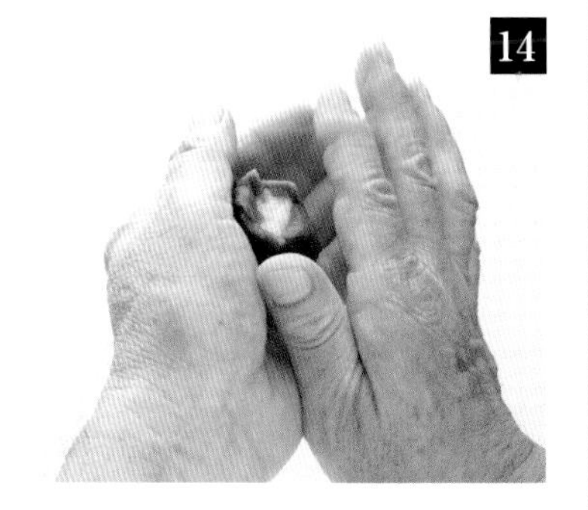

左手保持不动。右手的大拇指和食指呈V字形摆放，接着把右手大拇指放到左手大拇指上。

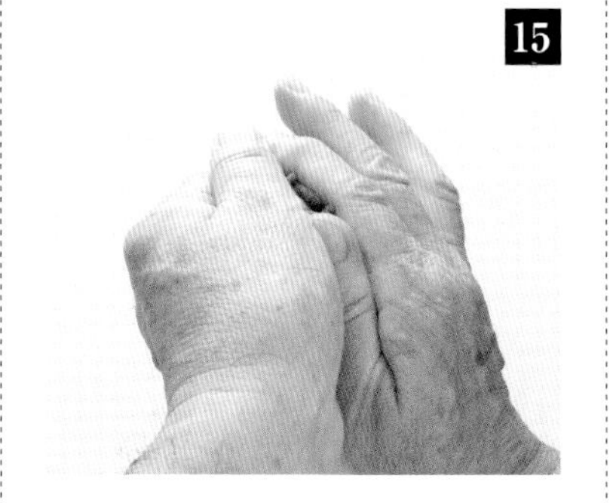

再逆时针转动，同时用两指捏住豆馅。出现边角时，用手指轻轻捏合。

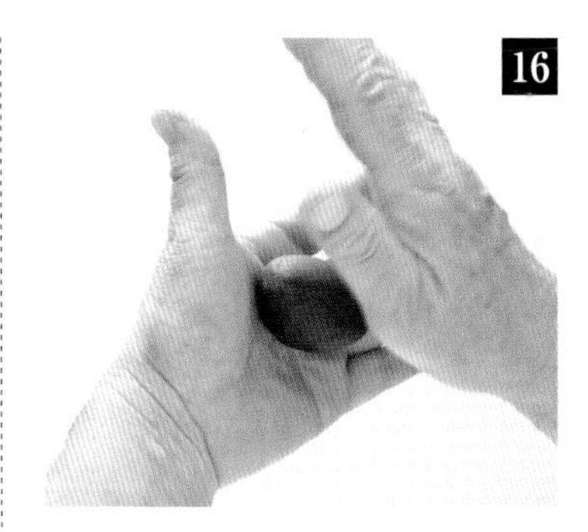

上下颠倒，闭合处朝下，在手掌中转动几下，调整成椭圆形。

水羊羹

入口的清凉感慢慢演变为弥漫满口的红豆味，夏天的代表性和果子。还可以放到别致的玻璃盘里，分成一人份，冷却凝固后即可。

材 料（21cm×17cm×4.7cm 方形模具的用量）

寒天丝（凝胶强度为450）*…7g

水……875mL

砂糖（上白糖）……190g

红豆沙馅（P86）……700g

盐……1.5g

*一般的寒天丝强度（黏度）为450，寒天棒为350，寒天粉则因生产商而定。所以，最好选择寒天丝。

需要特别准备的工具

·21cm×17cm×4.7cm的方形模具（制作鸡蛋豆腐时使用，带有隔层）

使用市售的羊羹，轻松做出水羊羹！

家里是否有别人送的羊羹还没有吃完？推荐大家用它来制作简单的水羊羹。将切碎的羊羹和羊羹分量相同的水倒入锅里，开火加热后搅拌，煮至化开。再参照个人的口味，加入砂糖、占羊羹与水总量0.1%的盐，搅拌化开后参照P35步骤5～9的方法制作即可。口感顺滑的水羊羹其实做起来非常容易。

1

用大量水（分量外）浸泡寒天丝，让其吸水 5 小时以上。然后倒入滤网中，滤干水分。

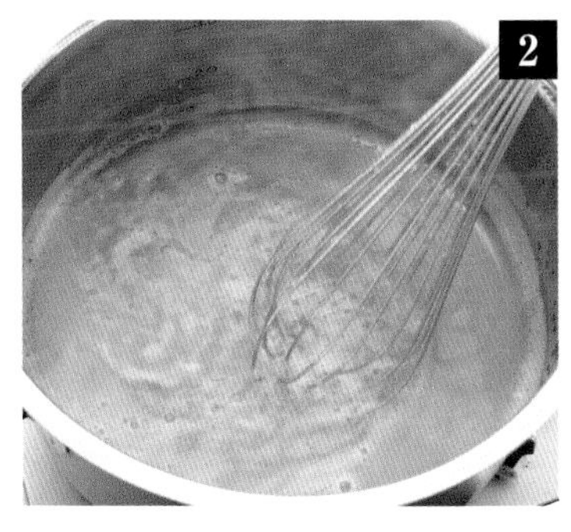

2

步骤1与水倒入锅中，用中火加热，搅拌至完全化开。接着加入砂糖、盐，混匀。

◎ 寒天还未完全化开时就加入砂糖，会导致寒天无法继续化开，影响口感。制作时需要特别注意。

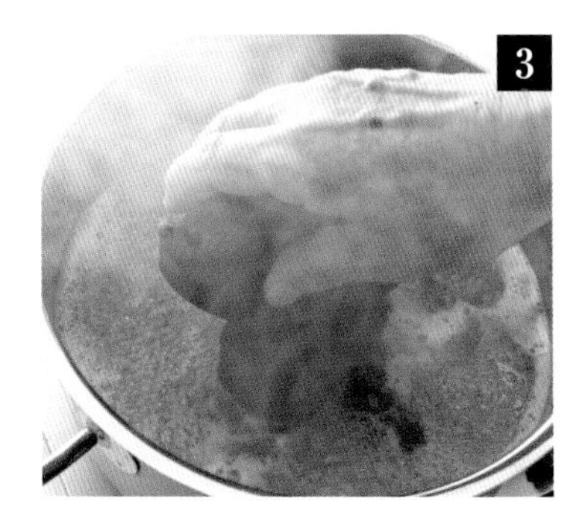

3

红豆沙馅分成小份，放入锅里。用打蛋器搅拌化开。

◎ 店铺里也会用红豆粒馅制作，此处我们介绍的是用红豆沙馅，方便家庭制作。

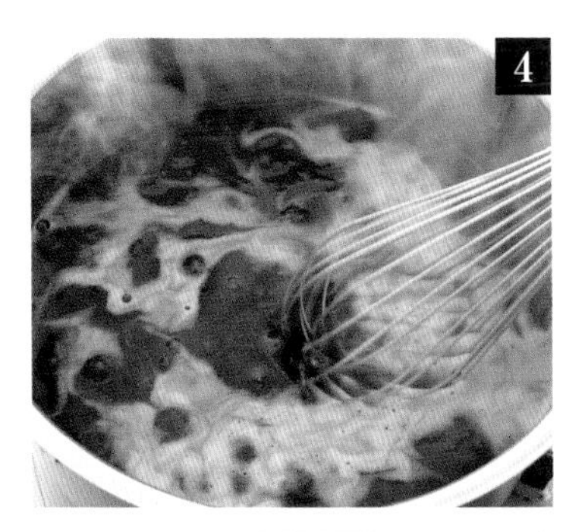

4

沸腾后关火。充分煮沸才能让砂糖和豆馅的细微颗粒融为一体。

◎ 浆液的重量煮至 1700g 时即可关火。少于 1700g 则需加水再煮沸。

5

滤网与盆重叠，倒入步骤4。完全滤干净，不要留有浆液。

6

将盆放到冰水中，用饭勺慢慢地、轻轻地搅拌，使温度降至40℃左右。需要注意的是，与冰块靠近的外侧部分会凝固，搅拌时要留心。

◎ 寒天液与豆馅的重量不同，通过搅拌可以避免出现分离，冷却至一定程度后倒入容器中。

7

用圆勺盛入方形模具中。气泡消失后置于常温下即可，无需敷保鲜膜。放置 30 分钟左右，凝固后再敷上保鲜膜，放到冰箱里冷藏。

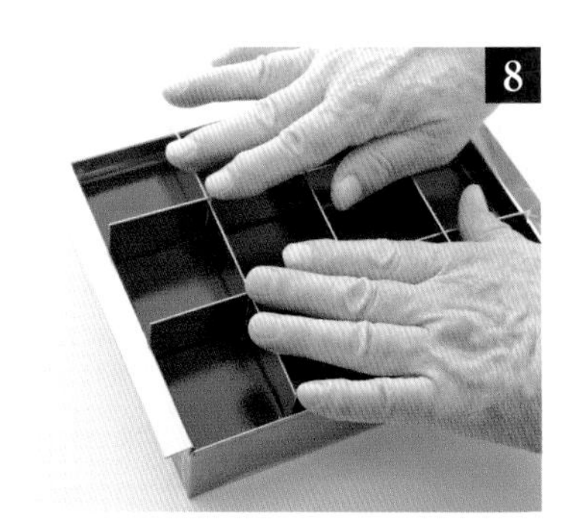

8

揭开保鲜膜，放上隔层，两手均匀地用力，垂直下压。

9

往上拉，从方形模具中取出内层底，再取出隔层即可。

10月

栗子羊羹

栗子口味的和果子，充满浓浓的秋意。入口的感觉柔软又富有弹性，随之而来的便是红豆味，两种味道自然地融为一体。下面向大家介绍用布丁杯制作的方法，适合在家尝试。

材料（90mL 布丁杯，12 个用量）

- 红豆沙馅（P86）………… 500g
- 低筋面粉…………………… 50g
- 蕨粉 *1……………………… 10g
- 水……………………………20mL
- 栗子甘露煮………………… 12 颗
- 栗子甘露煮的蜜汁 *2…100~120g

*1 也可以用葛粉制作。葛粉的用量是蕨粉的 1.5 倍（15g）。

*2 市售的豆馅比较柔软，使用时需减少蜜汁的用量。

需要特别准备的工具

- 耐热的布丁杯（90mL）
- 竹皮（根据布丁杯底面的直径裁剪出 12 块圆片，以及 12 块直径略小的圆片）

先在蕨粉（或葛粉）中加入少量的水，用手搅拌化开。再用剩余的水将手指上的蕨粉冲到碗中。

红豆沙馅放入碗中，再筛滤低筋面粉。

用手揉捏至粉末消失。豆馅之间相互摩擦会产生黏性（谷朊）。

◆ 此步骤是美味的关键。产生黏性后更易融化于口中，更绵软。

揉好后的状态如图。稍微压一下就粘在一起。

用手指搅匀步骤1后加入步骤4中，再继续揉捏，使两者完全融合。

先加入一半的栗子甘露煮蜜汁。

◆ 栗子甘露煮的蜜汁与栗子更相宜，味道更统一。

用揉捏的方法将整体混合成顺滑状。

一边观察豆馅的软硬度，一边慢慢加入剩下的蜜汁，搅拌均匀。根据豆馅原本的软硬度酌情调整蜜汁的用量。蜜汁不足的话，用水也可以。

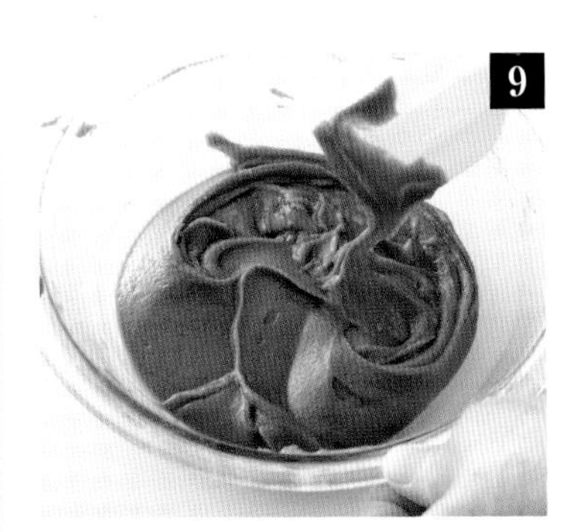

透出光泽即说明混合均匀了。待面浆出现光泽，挑起来往下滴落时，不会堆起小山状，表面会恢复平滑的程度最佳，此时就可以停止搅拌。

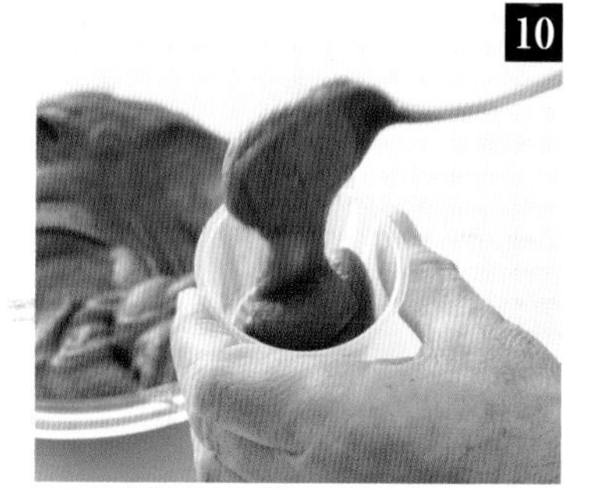

将根据布丁杯底面直径裁剪的竹皮铺到杯底，用勺子将步骤9盛到杯子里，至杯子高度的一半处即可。

放上栗子甘露煮，轻轻压一下。

◎ 选择甘露煮时，建议挑选用日本产栗子制作的甘露煮。口感更水润，味道更佳。

再继续添加步骤9，遮住栗子。然后用勺背抹平表面，放上直径略小的竹皮。摆放到蒸锅里，蒸 30 分钟后即可。

蒸好。如果竹皮卷起，请将它重新放好，静置冷却。

◎ 蒸好后会有热气冒出，更容易干燥，所以要用竹皮盖住，防止变干。如果没有竹皮，用保鲜膜敷好也可以。

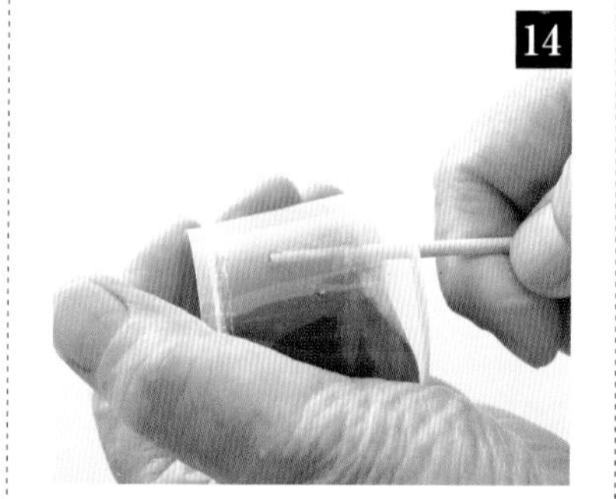

用竹扦较粗的一端插入杯子与栗子羊羹之间的空隙，排出底面的空气，反扣在盘子里，取出。

全年

黄味时雨

也写作『蛋黄时雨』『君时雨』。淡黄色的蛋黄豆馅上分布着均匀的裂纹，中间的黑色豆沙馅若影若现，这便是蒸好后所要达到的效果。入口散开后就能感觉到美味在蔓延。

材料（25个的用量）

蛋黄……………………………2个
白豆沙馅（P94）…………600g
红豆沙馅*（P86）………500g
寒梅粉……………………………8g

*每个为20g、2.5cm的棒状，制作25个馅团。

需要特别准备的工具

・粗格滤网（4目）
・直径4.2cm、高3cm的耐热杯子（此处使用的是没有边角、容量为35mL的杯子。酒盅也可以。）

白豆沙馅倒入碗中，再加入鸡蛋黄。用手揉捏，混合均匀。

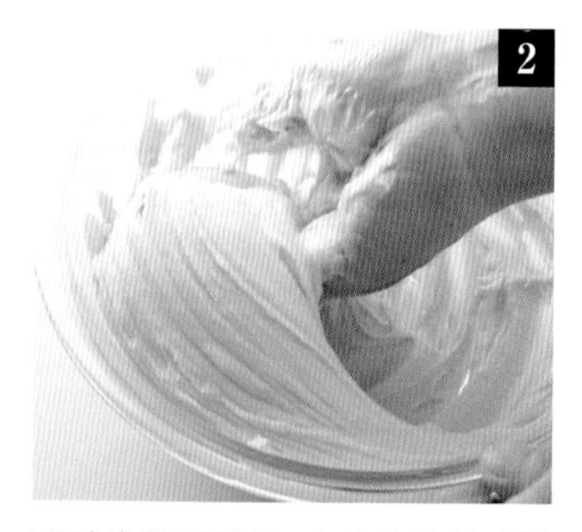

不时从底面翻起，与空气接触后形成松软的状态。

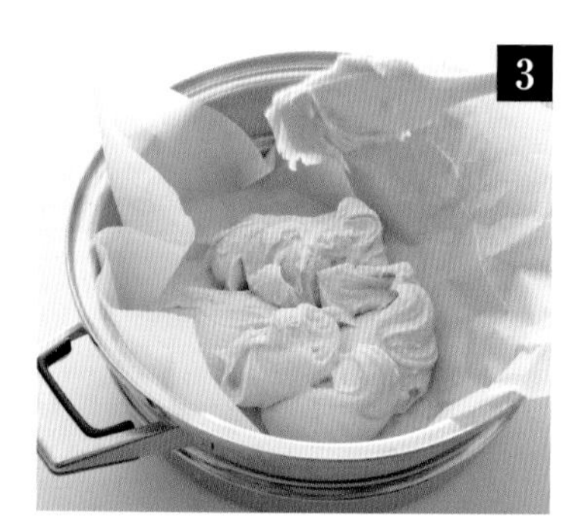

在蒸屉中铺上一张烘焙纸，用硅胶刮刀将步骤2一点一点地挑进锅中，堆成小山状。

相比于全部堆在一个地方，分散堆放更利于完成下一步的抹匀工作。

用硅胶刮刀将整体抹平。此时，中央要稍微薄一点。用蒸锅蒸 20 分钟左右。

为了去除鸡蛋的腥味，先蒸一下蛋黄豆馅。

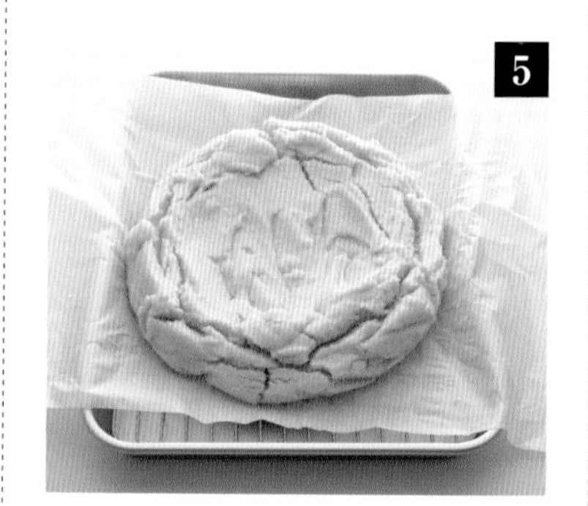

蒸至蛋黄豆馅变蓬松、出现裂纹后即可。连同烘焙纸一起放到铁丝网上，自然冷却。此步骤需要让水分适度地蒸发，所以不能迅速降温。

将步骤5的蛋黄豆馅移到碗里，加入寒梅粉。

用手揉捏，混合均匀。

觉得馅料过于柔软时，可以将蛋黄豆馅贴到碗的边缘，压扁后再揉成一团。如此重复，使水分蒸发，再混合均匀。完成后，用木质刮刀将所有蛋黄豆馅聚拢。

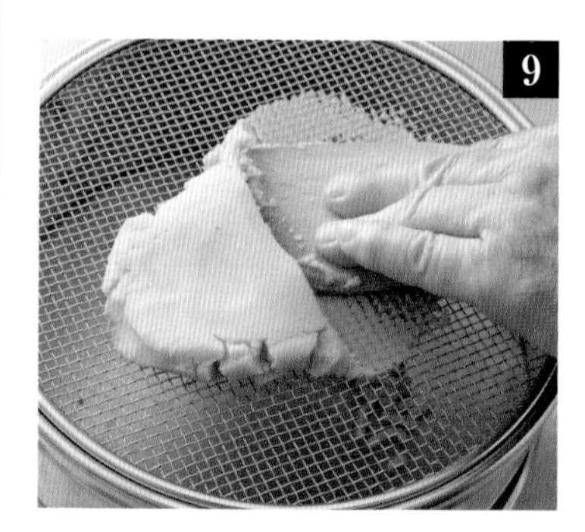

把粗格的滤网放到台面上，挑起步骤8，放到滤网上，用木质刮刀往下挤压，尽可能让过滤后的蛋黄豆馅垂直下落。

湿毛巾拧干后，擦拭杯子的内侧。用刮板挑起步骤9过滤好的蛋黄豆馅，紧紧塞入杯子里，稍微溢出一点。

◆ 杯子的内侧稍稍润湿，取出的时候会更容易。

手指塞到中央，压成凹陷状。底面不要留有缝隙。

每块红豆沙馅都揉成棒状，将其中一块放到步骤11的凹槽中。

用溢出的蛋黄豆馅完全覆盖住红豆沙馅。一只手拿杯子，另一只手咚咚咚地敲打，使杯子与蛋黄豆馅之间产生缝隙。

在蒸屉里铺上烘焙纸，从模具中取出步骤13，上下颠倒后放到锅里。摆放时请保持一定的间隔。用蒸锅蒸 10 分钟左右。

◆ 蒸好后会比想象中的更膨胀，所以一定要留出足够的间距。

在蒸汽的作用下，蒸好后表面会自然地裂开，可以看到中间的红豆馅。放置至热气大致散去后再取出。

◆ 裂痕是大量蒸汽冒出、热气透过蛋黄豆馅的结果。蒸制时请选用密闭性较好的蒸锅。

用葛粉制作的和果子

葛粉是用从葛根中提取的淀粉精制而成的。加热后会出现稍带白浊的透明感，产生顺滑的弹力。另外，葛粉冷却之后会凝固，常用于制作多种和果子。由于数量稀少且价格较高，所以现在的葛粉多半是用土豆和红薯的淀粉混合而成。但是，用100%葛根淀粉制作的葛粉（纯葛粉）仍是我们追求的。请大家一定要品尝一下葛粉的风味和独特的弹力。

下面我们会向各位介绍几款简单的葛馒头和口味丰富的葛烧，请大家细细品味葛粉的美味吧！葛馒头适合温暖的季节，是5~9月食用的和果子。店铺里是用手包，但在家里比较难做，所以选择用杯子制作的方法。

葛粉面浆可以上色、变换不同的形状，应用范围非常广泛。各位一定要尝试着做做看哦！

制作出美味的四大关键

先用水化开葛粉

葛粉干燥呈块状，所以一开始要用水化开。葛粉倒入滤网中，先用一半的水化开结块，大部分化开后，用剩余的水将留在滤网上的葛粉冲洗干净。

分两阶段加热

最初加热葛粉时，葛粉还是液态，调整形状后再蒸，使其完全蒸透。第一阶段呈白浊状（左图），蒸好后则带有透明感（右图）。

蒸时盖上布

在蒸的过程中，为了防止盖子上的水滴落下来，记得事先盖上一块布。用碗蒸的话，要盖好碗盖后再蒸。

如何将豆馅完美地放入葛粉中

在制作葛馒头时，如何将豆馅放到中心呢？这里和大家分享一个小窍门。用顶端较细的筷子插入馅团中，再放到葛粉中，用手指轻压后拔出筷子。小孔是在和果子的下方，不用担心。

霙

新绿

葛烧

紫阳花

葛馒头

5月
6-8月
9月

葛馒头

半透明的葛粉中透出红豆馅，口味清凉的和果子。下面给大家介绍用布丁杯在家制作葛馒头的方法，简单方便。葛粉的流动性很强，非常柔软。富有春天气息的樱花改良款也一并介绍给大家。

材料（90mL 布丁杯，16 个用量）

纯葛粉…………………………100g
砂糖（上白糖）……………200g
水…………………………450mL
红豆沙馅（P86）…………400g
樱叶…………………………16 片

需特别准备的工具

· 耐热的布丁杯（90mL）
· 深口的滤网

红豆沙馅以 25g 为单位，分成 16 块。分别揉圆后，用手掌轻压成直径 3~3.5cm 的圆盘状。

◆ 豆馅要比布丁杯小一圈。

深口的滤网与锅重叠，倒入纯葛粉，注入一半的水。

浸入水中，用手捏碎葛粉。然后用剩余的水冲落留在滤网上的葛粉。加入砂糖，用木质刮刀搅拌均匀，取其中一半放入碗中。

中火加热留在锅中的一半葛粉。用木质刮刀搅拌，使葛粉受热均匀。开始凝固后调至小火，葛粉凝固八成后即可关火。

搅拌均匀，用余热使葛粉熟透。

◆ 这种方式不会让葛粉结块，受热更均匀。

将步骤3取出的一半葛粉液慢慢加入其中，同时用木质刮刀搅拌均匀。

变软之后，换成打蛋器继续搅拌。

搅拌至提起打蛋器后，葛粉面浆能顺势流下的状态即可。

◆ 这种浓稠度方便注入杯子中。

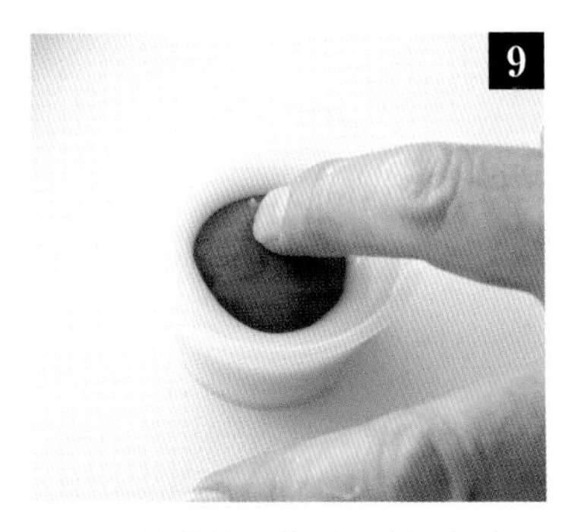

用勺子把葛粉面浆舀进布丁杯中，高度约为一半。再将筷子插入步骤1的馅团中，放到杯子里，用手指压一下，让馅团稍微往下沉。

继续加入步骤8，遮住馅团。

加热蒸锅，冒气后放入步骤10。在蒸屉和盖子之间放一块布，蒸12~13分钟。

蒸好。葛粉呈透明状。取出后放在常温下冷却。

冷却后沿杯子边缘插入牙签。

上下颠倒，使空气进入底面，取出。放到樱叶上即可。

改变一下意境，换上春装

葛馒头搭配盐渍的樱花，马上呈现出不一样的氛围。制作方法基本一致，不同之处在于要用水去除盐味，在馅团上放一朵擦干水汽的樱花，放入杯子里时樱花侧朝下。葛粉和樱花充满朦胧感，就像春天一样，让人充满无限遐想。

霙

用葛馒头表现7月的意境。只需在葛粉面浆中混入道明寺粉，就能凸显盛夏时节的清凉感。

道明寺粉容易结块，需要特别注意。

材料（90mL的布丁杯，16个的用量）

纯葛粉……………………………… 100g
砂糖（上白糖）…………………… 200g
水………………………………… 500mL
红豆沙馅（P86）………………… 400g
道明寺粉（颗粒细腻）………… 30g
樱叶……………………………… 16片

需要特别准备的工具

- 耐热的布丁杯（90mL）
- 深口的滤网

制作方法

❶ 参照P45~46“葛馒头”的步骤1~5制作葛粉面浆。

道明寺粉比较吸水，所以用水量比其他葛馒头要多一些。

❷ 取一半的面浆倒入碗中，慢慢加入道明寺粉，搅拌均匀（a）。

此处选用的是颗粒细腻的道明寺粉。使用颗粒较粗的道明寺粉时，可以酌情减少用量。

❸ 参照“葛馒头”步骤6~14的方法继续制作。

a

紫阳花

白豆沙馅着成紫色，代替葛馒头的红豆沙馅，营造出紫阳花的氛围。底面裹上冰饼，不容易粘在包装纸上。整体撒上冰饼后，犹如被雨水打湿的紫阳花。

雨中的紫阳花

紫阳花

材料（90mL 布丁杯，16 个的用量）

纯葛粉…………………………… 100g
砂糖（上白糖）………………… 200g
水…………………………………… 450mL
白豆沙馅（P94）……………… 400g
食用色素*（紫色）………… 少量
冰饼……………………………… 适量

* 用红色、蓝色参照 10:1 的比例混合也可以。

需要特别准备的工具

- 耐热的布丁杯（90mL）
- 深口的滤网
- 粗格滤网（4 目）

制作方法

❶ 用少量水（分量外）化开紫色的食用色素。白豆沙馅倒入碗中，一滴一滴加入色素，用手揉捏，混合成浅紫色。以 25g 为单位，分成 16 块。分别揉圆，用手掌轻轻压成直径 3~3.5cm 的圆盘状（**a**）。

❷ 参照 P45~46“葛馒头”的步骤2 ~ 8制作葛粉面浆。在步骤9 ~ 10中放入步骤❶的豆馅，代替红豆馅团，再参照步骤11 ~ 12的方法蒸好。

❸ 粗格滤网放到方盘上，往正下方压碎冰饼（**b**）。

也可以用芝士擦丝器磨碎。

❹ 参照“葛馒头”的步骤13 ~ 14，从杯子中取出步骤❷。将“紫阳花”放到步骤❸的方盘中，底面裹上冰饼。“雨中的紫阳花”则是整体撒上冰饼。

a

b

新绿

此处用绿色表现出初夏的迷人新绿。透过绿色，清凉的感觉扑面而来。使用白豆沙馅，让颜色更加分明。葛粉上色后，能呈现出完全不同的情景。

材料（90mL 布丁杯，16 个的用量）

纯葛粉………………………… 100g
砂糖（上白糖）…………… 200g
水………………………… 450mL
白豆沙馅（P94）………… 400g
食用色素*（绿色）……… 少量

* 用黄色、蓝色参照 10：1 的比例混合也可以。

需要特别准备的工具

· 耐热的布丁杯（90mL）
· 深口的滤网

制作方法

❶ 白豆沙馅以 25g 为单位，分成 16 块。分别揉圆，用手掌轻轻压成直径 3~3.5cm 的圆饼（a）。

❷ 用少量的水（分量外）化开绿色的食用色素。参照 P45~46“葛馒头”步骤2 ~ 8的方法制作葛粉面浆，再一滴一滴加入色素，用手揉捏，混合成浅绿色。

❸ 参照“葛馒头”步骤9 ~ 10的方法，放入步骤❶的豆馅（b），代替红豆馅团。再参照步骤11 ~ 12的方法蒸好。最后参照步骤13 ~ 14，从杯子中取出即可。

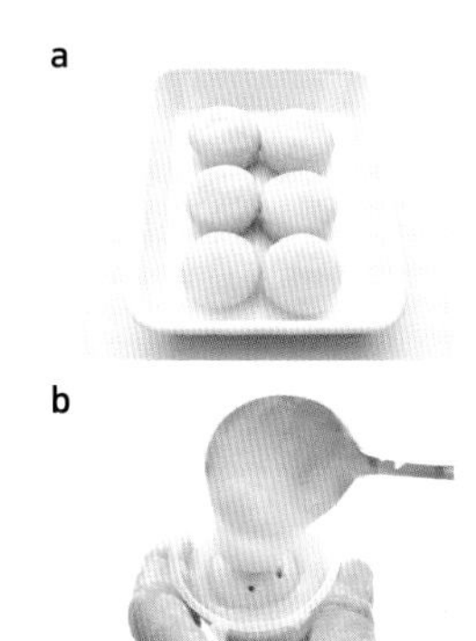

a

b

全年

葛烧

搅拌好的葛粉经过煎焙之后，制作出适合春秋食用的和果子。还可以在葛粉中混入红豆沙馅，制作成羊羹葛烧。煎焙过的和果子不需要立即吃完，可以放在圆盒或方木盒中保存。

材料（21cm×17cm×4.7cm 方形模具 1 个的用量）

纯葛粉…………………………………… 130g
砂糖（上白糖）* ……………………… 325g
水 * ……………………………………585mL
手粉（上用粉与太白粉参照 3 : 2 的比例混合而成）
…………………………………… 约 200g

* 比例为：砂糖为纯葛粉的 2.5 倍，水为纯葛粉的 4.5 倍为宜。

需要特别准备的工具

· 21cm×17cm×4.7cm 的方形模具（制作鸡蛋豆腐时使用，带有隔层）
· 鱼糕板
· 电饼铛（建议选用方形、未经过压纹处理的电饼铛）

羊羹葛烧

材料（21cm×17cm×4.7cm 方形模具 1 个的用量）

纯葛粉………………………… 95g
砂糖（上白糖）………………190g
红豆沙馅（P86）……………310g
水 * ………………………… 440mL
手粉（上用粉与太白粉参照 3 : 2 的比例混合而成）…… 约 200g

制作方法

参照 P51“葛烧”的步骤 **1**，加入砂糖和红豆沙馅。剩下的制作方法相同。

参照P45~46“葛馒头”步骤2~8的方法制作面浆。无须将步骤3分开盛到另外的碗里，全部留在锅里直接加热，搅拌均匀。然后移到碗里，用硅胶刮刀抹开。

◆ 制作羊羹葛烧时，仅需在此步骤中加入砂糖和红豆沙馅，其余步骤均相同。

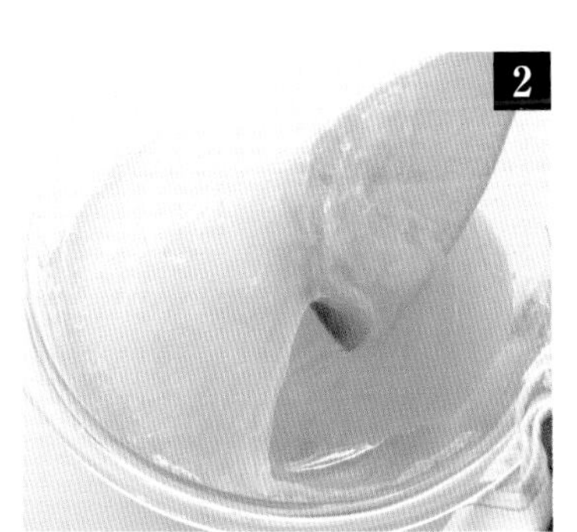

加热蒸锅至冒出蒸汽后，将步骤1连同碗一起放入蒸屉里。在碗上盖一块布，蒸30分钟。取出后趁热用木质刮刀搅拌混合，使面浆的颗粒感消失。

◆ 碗非常烫，取出时可以用干毛巾垫着。

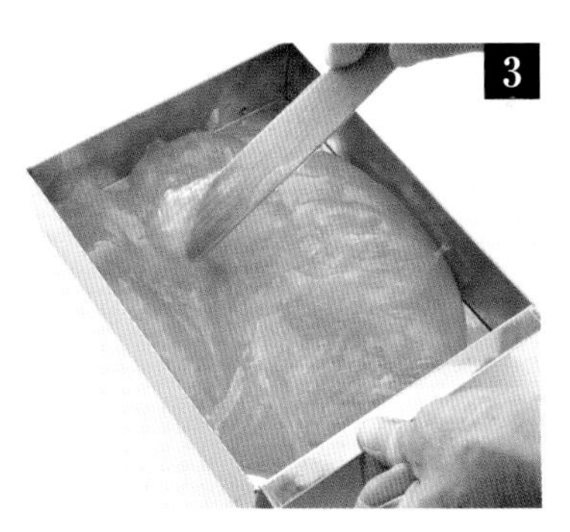

用水浸湿方形模具。步骤2趁热注入其中，整体抹平。

◆ 黏性较大，处理起来稍微有点费劲。每个边角都要用刮刀抹平。

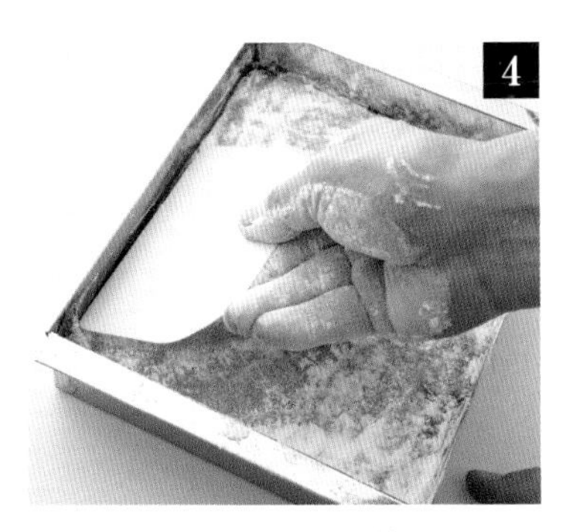

在表面撒上手粉，迅速抹匀。再用刮板压紧边角，调整一下形状。

用鱼糕板在表面压一下，使葛粉面浆更平整。然后置于常温下完全冷却。

◆ 有把手的鱼糕板使用起来更方便。

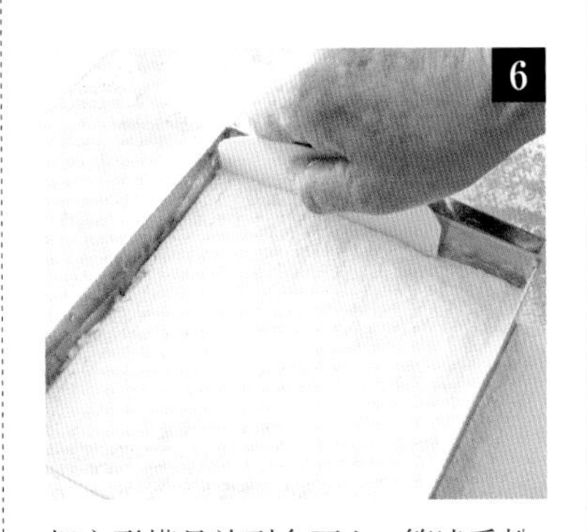

把方形模具放到台面上，筛滤手粉，在表面盖上厚厚的一层。刮板插入顶端，划出缝隙，使手粉能够进入其中，方便之后取出。

放上方形模具的隔层，再在上面放一块砧板，由上往下用力压，使隔层垂直插入其中。最后再用手压到底。

◆ 使用砧板可以达到均匀用力的效果，还可以垂直插入隔层。

隔层与面浆间涂上手粉，同时取出隔层。在台面上撒一些手粉，小心翼翼地从模具中取出面浆，放到台面上。每块都撒上手粉，正面朝上放到方盘里。再用毛刷拂去多余的手粉。

电饼铛调至120~140℃，将步骤8正面朝下地煎焙。用毛刷拂去多余的手粉，出现焦黄色后翻面，再用同样的方法煎焙。在铁丝网上铺一张厨房用纸，取出后冷却。

◆ 冷却后焦黄色会变浅一些。

用葛烧面浆制作端午节的粽子

5月

羊羹粽

端午时节，店铺里都会特别制作的这种粽子。在家里包可能会稍微难一点，大家可以挑战一下哦！

这种粽子可以用葛烧（P50）面浆制作。此处我们向各位介绍加入红豆沙馅的羊羹粽，以及仅用葛粉和砂糖制成面浆的水仙粽。

制作的重点在于干竹叶的发泡方法和独特的包法。面浆冷却之后就比较难包了，所以要分成两次蒸，趁热包好。另外，包粽子的竹叶通常是用4片，茶席用的粽子外侧还有包装纸，用3片即可。

材料（20个的用量）

纯葛粉…………120g
砂糖（上白糖）…………240g
红豆沙馅（P86）…………400g
水…………560mL

需特别准备的工具

・竹叶（干燥）…………80片
・灯心草…………100根

干竹叶的发泡方法

如果灯心草（左）较细，请多准备一些。成束绑好的竹叶（右）。

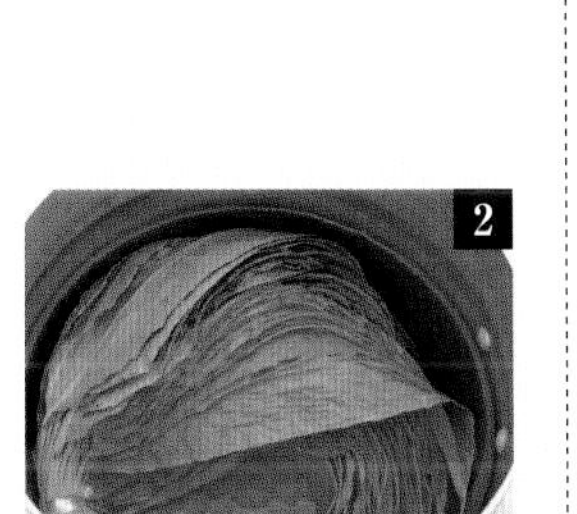

准备一口大锅，放入叶子和水（分量外），大火加热。沸腾后用木质刮刀压住，再煮 5 分钟左右。

拨开叶子，干燥的部分消失，整体变成均匀的竹叶色时即可。倒掉热水，重新加入水（分量外），捏住叶子打结的部分，在锅中漂洗。以此方法漂洗 2~3 次，洗干净叶子与叶子间的灰尘。

制作方法

深口的滤网与锅重叠，倒入纯葛粉，再注入一半的水。浸泡的同时用手捏碎葛粉，使其化开。然后再用剩余的水冲落留在滤网上的葛粉。

加入砂糖，搅拌。倒入红豆沙馅,用木质刮刀捣碎。中火加热，搅拌化开。

开始凝固后调至小火，不停地搅拌防止煳底，加热至八成面浆凝固的状态。由于热传导的关系，锅周围的部分也会凝固，搅拌时需要注意。

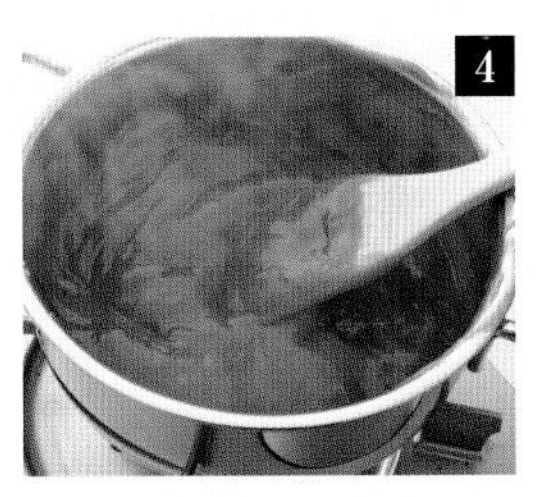

关火后再搅拌几下，利用余热使面浆保持均匀的状态。

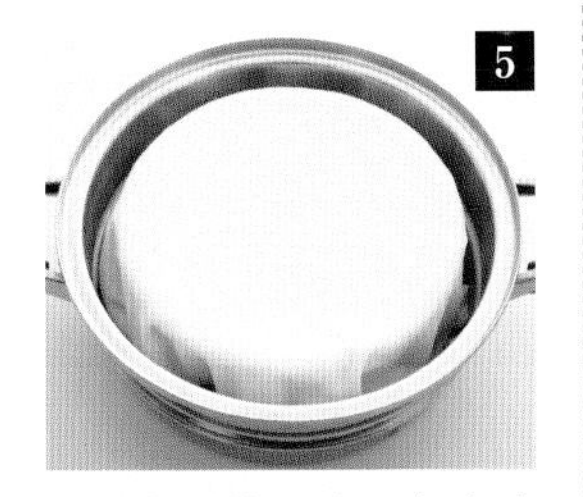

取两个耐热的碗，每个碗中各装一半面浆，分两次蒸。先将其中一碗放到蒸锅中，在碗上盖一块布，蒸 30 分钟左右。另一碗敷上保鲜膜。

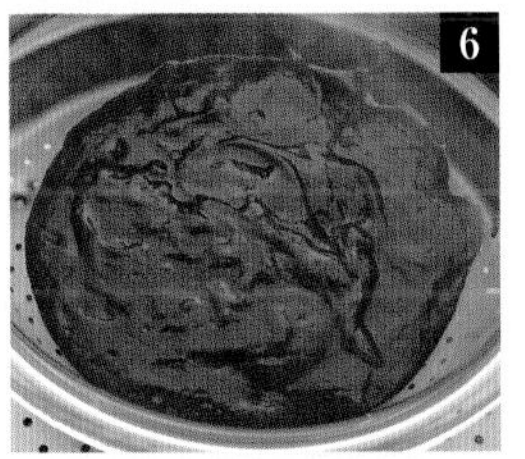

蒸好后如图。连碗一同取出，再将另一碗放入蒸屉中，用同样的方法蒸好。

蒸好的步骤 6 移到大碗中。可以放到滤网上，也可以在下面铺一块湿毛巾，使碗固定，用力搅拌。搅拌均匀，直至颗粒感消失。

竹叶放到手掌里，趁热挑起一团步骤 7，放到距离叶子顶端大约 1/3 处的地方，顺势往下拉长。

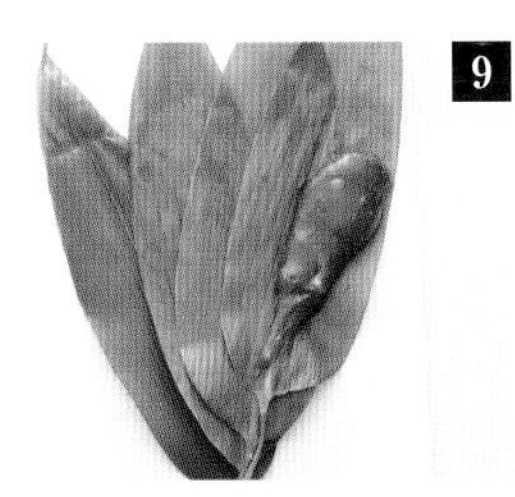

另外 3 片竹叶的根部合拢，纵向错开大约 1cm，展开呈扇状。然后将步骤 8 放到上面，错开。

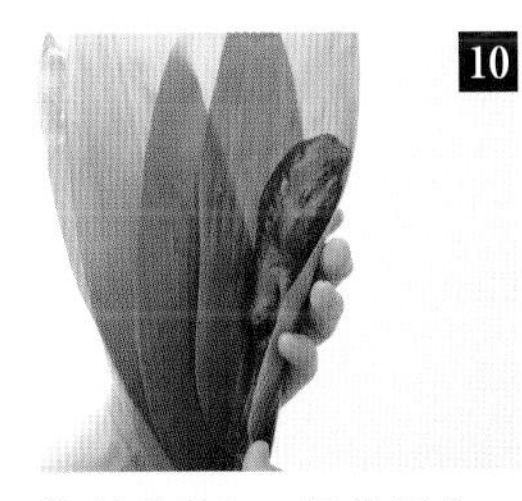

放到手掌上，保持原状，从右侧开始往内折。

紧紧地裹起来。

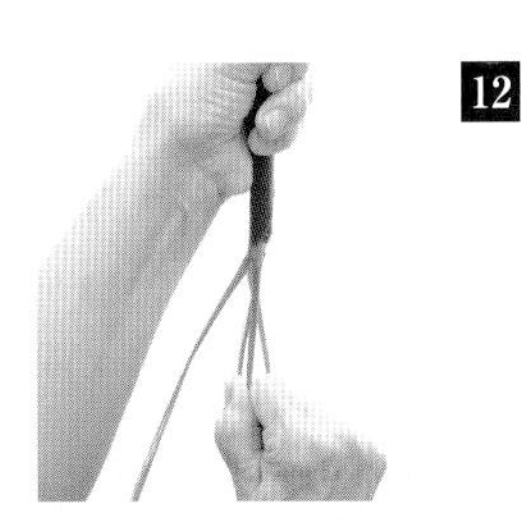

拿住根部，拉住最短的一根茎（步骤 9 中最后放的那片叶子的茎），收紧。

13

用左手大拇指轻轻压住顶端蓬松的部分，再用右手将 4 片叶子拧起来。

14

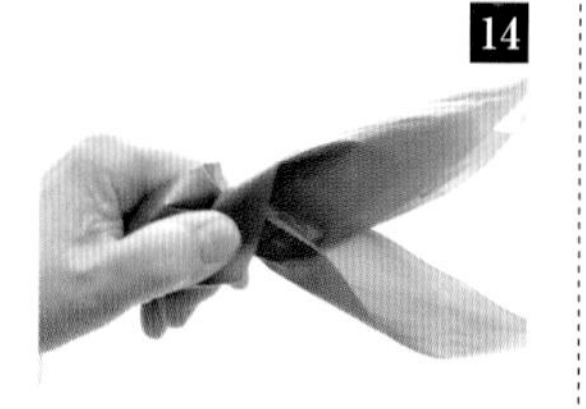

拧好后如图。

15

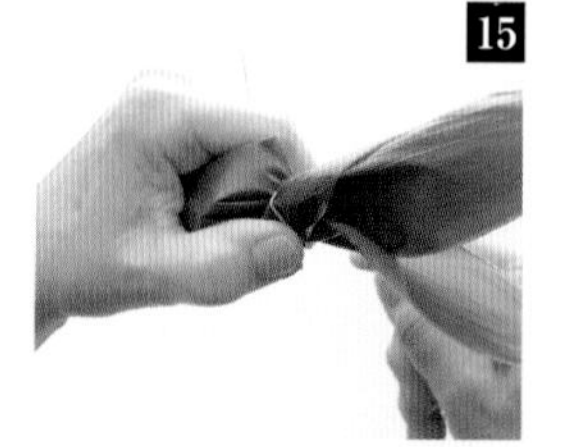

用灯心草在拧扭的位置缠一圈。

16

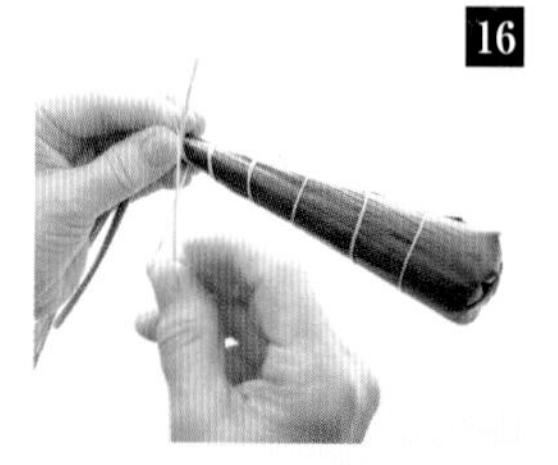

顶端的叶子折弯，用步骤 15 的灯心草在上面缠好。

17

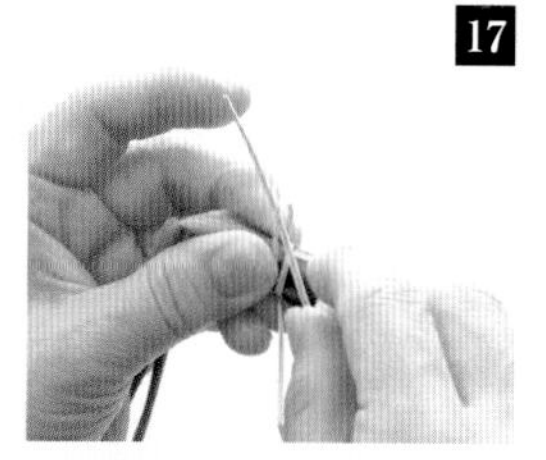

大拇指放到叶子的根部，在上面缠上灯心草，打圈后从中穿出灯心草。

18

拉好，绑紧，灯心草不用剪短。包好后取出步骤 6 蒸好的另一碗面浆，参照步骤 7 ~ 18 的方法制作。

19

包好的粽子下面放 3 个，上面放 2 个。如果滑动，可以盖上布，使其固定。

20

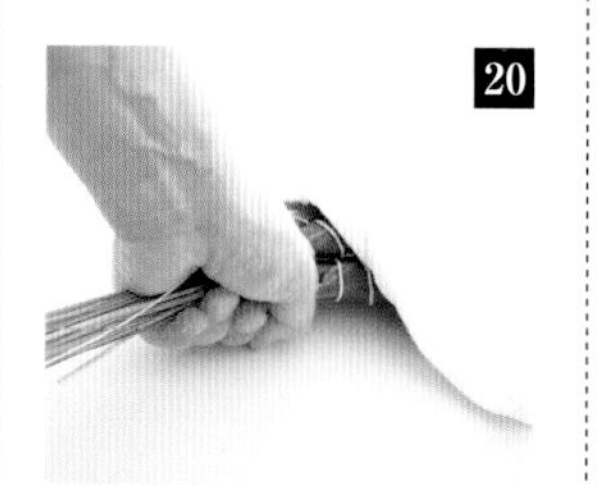

用一只手捏住根部略微蓬松的位置，整束拿起。捏住这个位置，可以让粽子之间不再滑动，更固定。太靠近根部的话，反而会滑动。

21

取 10~12 根灯心草，结成束，从拿粽子的手的食指和中指间穿过。

22

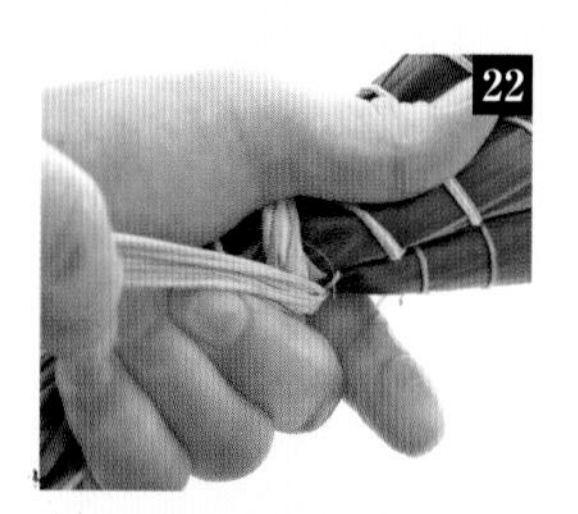

将粽子固定的同时，在起点上方用交叉的方式缠一圈。

23

将灯心草排列成带状，继续往下缠。每圈之间微错开一些。

24

缠好后上下颠倒。

25

留出一点茎，将剩下的灯心草拧起来。

26

缠一圈，形成环扣，打结。

27

上下颠倒，将缠好的灯心草往下压，收紧。

28

适当修剪一下灯心草和叶子的茎部。

【再次加工市售的红豆馅】

虽然想自己动手做一做豆馅，但又希望制作和果子的过程能简单一些……这种时候，用市售的红豆馅就非常方便。

然而，并不是直接使用市售的红豆馅，需要再次加工。此步骤能让豆馅的味道更浓，水分蒸发后更方便使用。关键在于取出一半的豆馅，事先用微波炉加热。再将所有豆馅放在一起加热，时间不用太长，快速搅拌以防煳底。豆馅可冷冻。再次加工时，如果量太少会容易变焦，所以至少要500g。

下面我们会介绍红豆沙馅的加工方法，红豆粒馅和白豆沙馅也可以按同样的方法再次加工。

材料（适量）

市售的红豆沙馅*… 1kg

*购买时注意一下配料标识，请选择无添加物的红豆沙馅。建议用红豆、砂糖、水饴制作的冷冻品。

将市售红豆沙馅的其中一半倒入耐热的器皿中，摊开。敷上保鲜膜，用500w的微波炉加热2分钟左右。

步骤1倒入锅中，再加入剩余的红豆沙馅，混合。用中火加热，边搅拌边加热红豆沙馅。

让热气冒一阵，所有红豆沙馅颜色泛白之后停止搅拌。温度稍微高一点为宜。

关火，放置几秒，刮干净粘在锅边的红豆沙馅。

用上用粉制作的糯米果子

在经营着茶席和果子的“岬屋”果子店中通常有两种糯米果子。一种是这里介绍的用上用粉制作的和果子，另一种则是用糯米粉制作的和果子（P64）。将普通的大米（粳米）洗净干燥后，磨成粉末状即是上用粉。与同样是用粳米研磨而成的上新粉相比，上用粉的颗粒更细，更光滑。只不过，用上用粉单独制作的糯米果子没有弹力，需要与用糯米研磨而成的糯米粉混合使用。制作出的面团类似于外郎。

粳米冷却之后会变硬，所以冬天不适合用上用粉制作糯米果子。接下来，我们会向大家介绍一些适合5~9月制作的和果子，以初夏的水果造型为主，比如青梅、琵琶等。用手塑形的过程可能会有点难，但在和果子中，这种方法更适合在家制作。栩栩如生的外形与实物不相上下，这也是制作和果子的乐趣之一。请各位发挥想象试着做做吧！

制作出美味的四大关键

蒸时铺一块平纹布

粉类溶于水后形成液状面浆，蒸过后呈黏稠状。此时需要铺一块织纹细密的布，避免蒸汽穿透布纹后滴落面浆。店铺中会使用厚平纹布。

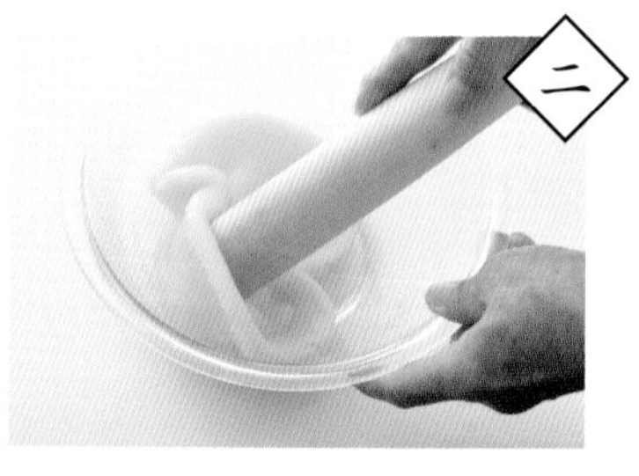

蒸好后的面团需要捣一下

蒸锅的上汽情况可能会因材质的不同而存在差异，有时会产生颗粒感。所以，蒸好后要用研钵棒捣一下，消除颗粒感，让整体呈均匀黏稠状。

面团柔软，处理时要小心

面团非常柔软，弹力较小，所以容易塑形，方便划痕、凿孔。在移动蒸过的面团时，先放到饭勺上，再用刮板拨下来，处理时要小心。

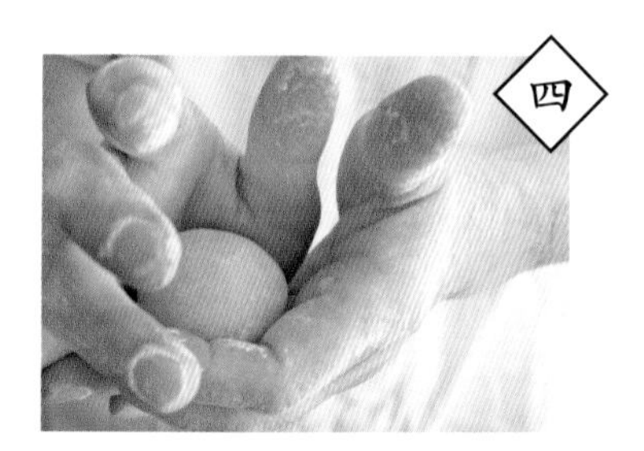

趁温热时揉成圆形

青梅和琵琶都是用面团包住豆馅。但面团在温热的状态下具有柔软性，豆馅的凹凸感会直接呈现在面团表面。所以需要稍微冷却一下，再重新揉圆，调整表面。

青梅

桔梗饼

琵琶

6月

青梅

宛如实物一般，适合6月食用的青梅和果子。表面的手粉仿佛细密的绒毛，让青梅看起来更加美味诱人。用刮板划出印痕后，可以从中透出红豆沙馅，形成阴影效果，营造出立体感。

材料（12个的用量）

上用粉………………………… 70g

糯米粉………………………… 30g

砂糖（上白糖）…………… 80g

水………………………… 150mL

食用色素（绿色）*1 …… 各少量

红豆沙馅（P86）*2 ……… 300g

（P86）

手粉（上用粉与太白粉按同比例混合）……………………… 适量

*1 黄色和蓝色按10：1的比例混合也可以。

*2 以25g为单位，制作12个馅团。

需要特别准备的工具

· 直径18cm、高2cm以上的木框（圆形的也可以）

· 织纹细密的布（推荐使用加厚棉质的平纹布）

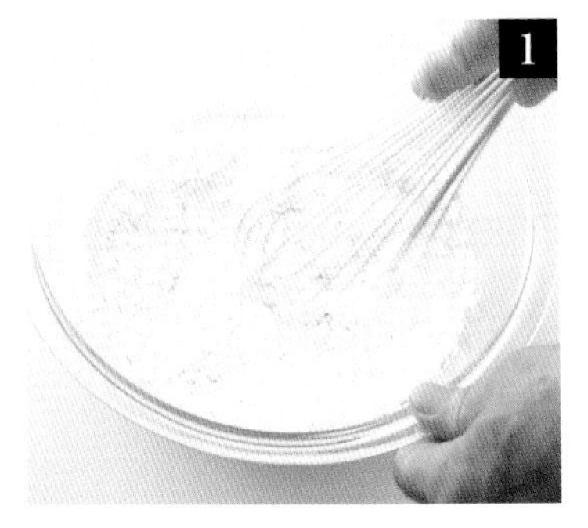

砂糖倒入碗中，加入 70%~80% 的水（分量内），混合。上用粉、糯米粉一起加入碗中，用打蛋器搅拌，混匀面粉和水。

◆ 上用粉和糯米的颗粒较细，不需要筛滤。

加入剩余的水（分量内），搅拌均匀。用少量的水（分量外）化开食用色素，并在面浆中加入 1 滴，混合。观察颜色仔细调整。

木框放到蒸屉中，将织纹细密的布浸湿后拧干，铺到木框上。步骤 2 搅拌均匀后倒入框里，用蒸锅蒸 20 分钟左右。

◆ 不可以使用织纹稀疏的布，因为面浆会穿透布纹后滴落。

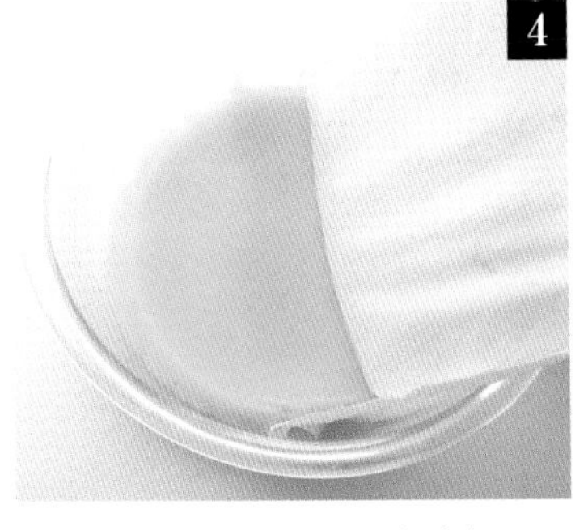

连同布一起趁热取出，移到碗里。

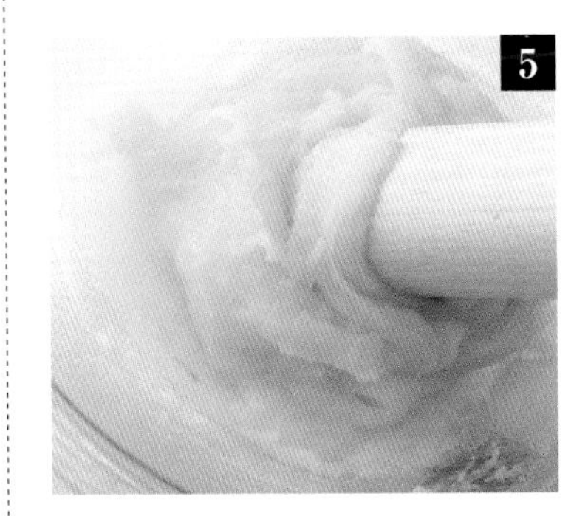

用浸湿的研钵棒混合碗中的面团，捣均匀。

◆ 用研钵棒混合一下，消除色块、蒸过后产生的颗粒感，让面团的软硬度更均匀。由于弹力较小，混合时可能会稍微有些费力。

在方盘里撒上大量的手粉，用木质刮刀挑起步骤 5 的一半，再用手工刮刀调整，置于手粉上。

◆ 蒸好后的面团非常柔软，容易粘到手上，所以要在木质刮刀调整形状，同时配合手粉操作。

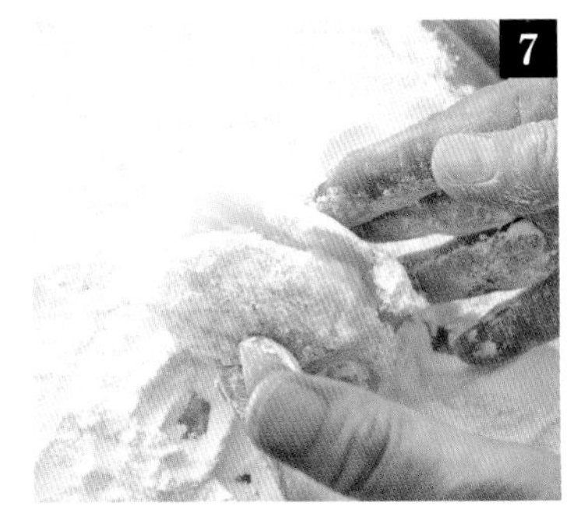

没有沾到手粉的顶面作为内侧，两端折叠，用手指捏成粗棒状。

在手粉上滚动，揉成细长形，再用刮板从中间切开。两根放在一起，从顶端 3 等分切开，每段大约 25g。剩下的另一半面团也按步骤 6 ~ 8 的方法处理。

切口处撒上手粉，拂去多余的部分，轻轻揉成圆形。用大拇指的根部压成直径约 6cm 的圆形。此时，边缘要薄一些。然后放上馅团。

◆ 馅团的直径约为 3cm，面皮的直径要是馅团的两倍。

参照 P5 的方法包好，稍稍冷却。

◎ 面皮非常柔软，从表面可以看到豆馅的凹凸不平。之后还要再次修饰，所以不能让面皮完全冷却。

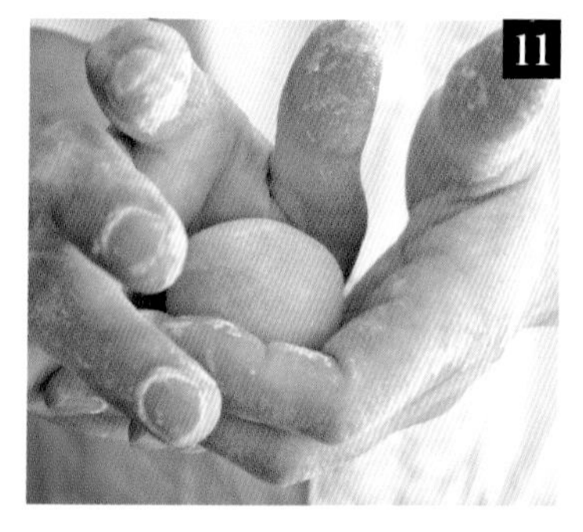

趁还有温热感的时候，将面团放到左手的无名指上，用中指做支撑，同时抬起右手，轻靠着面团。接着用左手的中指横向拨动面团，使表面变得更光滑。

把面团放到放盘里，用毛刷拂去多余的面粉。

◎ 塑形完成之后，务必要用毛刷拂去面粉，充分展现出和果子的韵味。

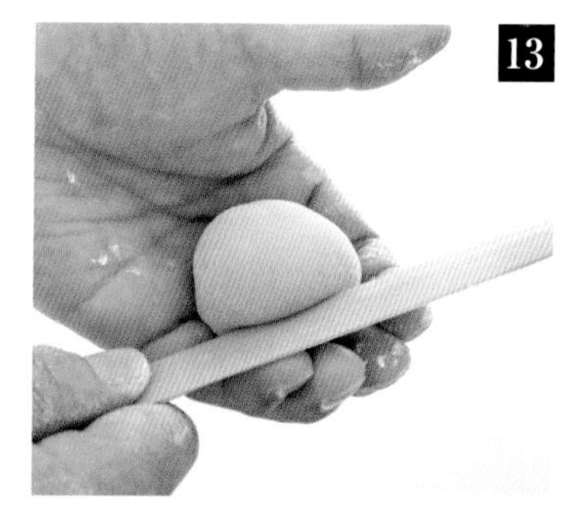

再次将面团放到左手上，将手工刮刀搭在左手小拇指的根部。刮刀并非是呈横向放置，而是稍微倾斜，形成一定的角度。

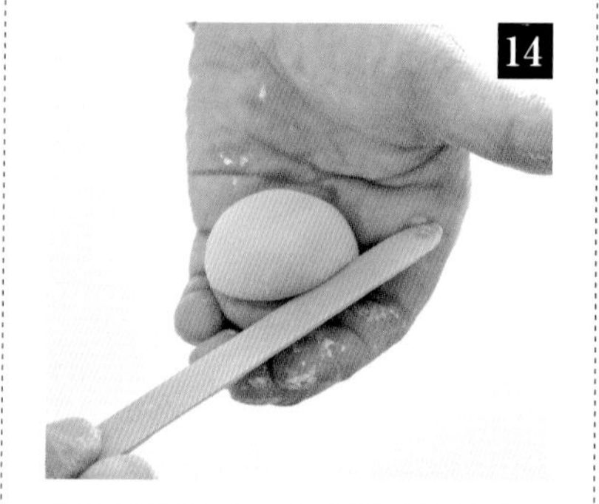

右手保持不动，左手顺时针转动，划出印痕。起点与终点高度较低的位置浅一些，中间较高的位置则深一些。

◎ 面团没有弹力，可以划出清晰的印痕。

印痕的起点处用小拇指轻轻压按，呈凹陷状，让外形更像梅子，更逼真。

琵琶

琵琶是属于7月的美味。与青梅的用料相同，但却呈现出完全不同的样子，这也是和果子的乐趣所在。面团揉成纺锤形，再加上蒂，和真正的琵琶一模一样。

材料（12个的用量）

- 上用粉…………………………70g
- 糯米粉…………………………30g
- 砂糖（上白糖）……………80g
- 水…………………………150mL
- 食用色素（黄色、红色）…各少量
- 红豆沙馅（P86）* ………300g
- 手粉（上用粉与太白粉按同比例混合）……………………适量
- 琵琶蒂
  - 红豆沙馅（P86）、白豆沙馅（P94）…………各10g
  - 寒梅粉……………………6~7g

＊以25g为单位，制作12个馅团。

需要特别准备的工具

- 直径18cm、高2cm以上的木框（圆形的也可以）
- 织纹细密的布（推荐使用加厚棉质的平纹布）

制作方法

❶ 混合制作琵琶蒂的材料，用保鲜膜包好，放置30分钟。参照P59~60“青梅”的步骤1~2制作面浆。红色色素和黄色色素参照10∶1的比例混合，形成橙色，用少量的水（分量外）化开。

❷ 参照“青梅”步骤3~10的方法制作。最后塑形的时候，手掌的掌根与面团的底部合拢，形成斜角，转动面团，调整成纺锤形（a）。

❸ 步骤❶琵琶蒂的面团揉成直径约5mm的圆形（b）。用同样的方法制作12个。

❹ 趁步骤❷还有温热感时，参照“青梅”步骤11的方法，将表面调整顺滑，用毛刷拂去多余的面粉。用长筷子的筷头在琵琶顶端稍高的位置凿出小孔，将步骤❸埋到其中，再用竹扦的尖头在4个位置划出印痕（c）。

a

b
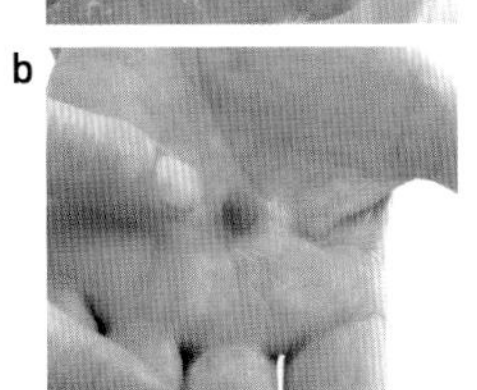

c
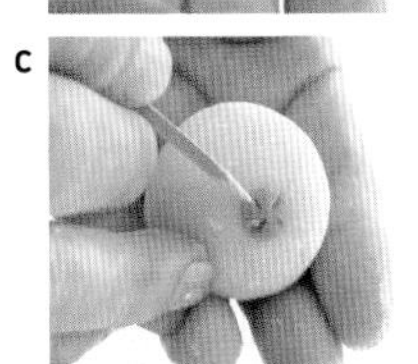

7~8月

桔梗饼

用料基本上与青梅相同，但在工序上则是先加热，中途塑形，然后再蒸，这样会呈现出完全不同的黏糯口感。如果将黑砂糖换成上白糖，还可以制作出『白桔梗饼』。

材料（20个的用量）

上用粉…………………… 120g
糯米粉…………………… 80g
黑砂糖（粉末）…………… 80g
粗红糖…………………… 80g
水…………………… 300mL
红豆沙馅（P86）*………… 500g
冰饼…………………… 适量
手粉（低筋面粉）………… 适量

* 以25g为单位，制作20个馅团。

将黑砂糖、粗红糖倒入锅中，加入70%~80%的水（分量内），用打蛋器混合均匀。接着加入上用粉、糯米粉，用力搅拌。再把剩余的水（分量内）倒入其中，混匀。

用中火加热，不停地搅拌，使所有面浆受热均匀。开始凝固后调至小火，90%的面浆熟透后即可。

面浆原本非常柔软，但太过柔软就很难进行后面的工序。所以此处的面浆要稍微干一些。

关火后继续搅拌，利用余热使所有面浆熟透，同时使水分蒸发。最好是面浆集中到锅的中央，聚成小山状。将木质刮刀放平，左右晃动一下锅。

面浆太柔软则不利于塑形，所以一定要让水分蒸发干净。

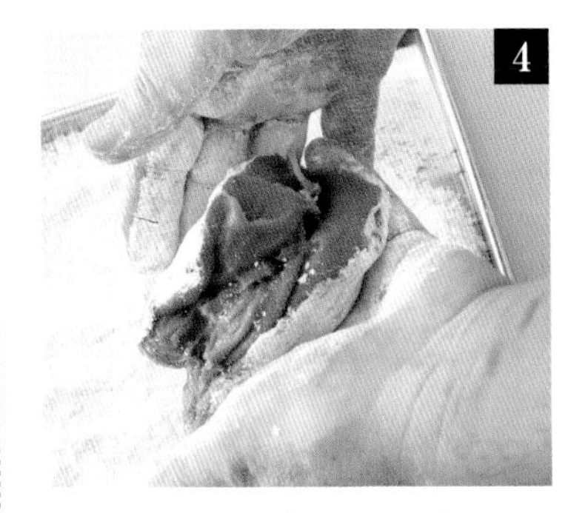

方盘底面铺满手粉，用木质刮刀和刮板取步骤3的其中一半放到手粉上。没有沾到手粉的顶面作为内侧，两端折叠。撕下一半，揉成棒状。

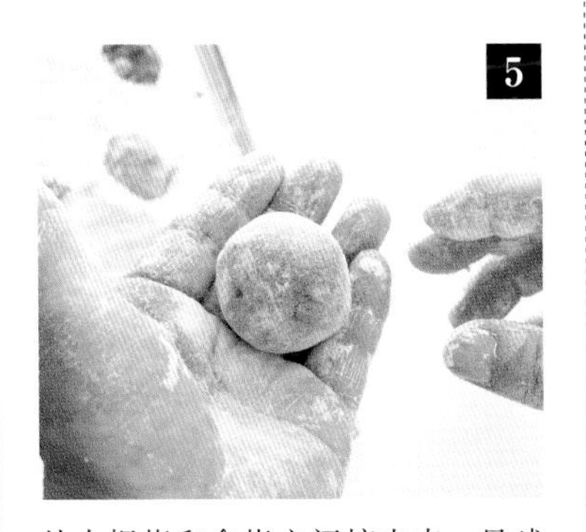

从大拇指和食指之间挤出来，呈球形，每个约30g。然后用力揪下来，揉圆。参照P5的方法，趁温热时包好馅团。面团比较柔软，可以稍微放一会儿。剩下的另一半也按步骤4～5的方法处理。

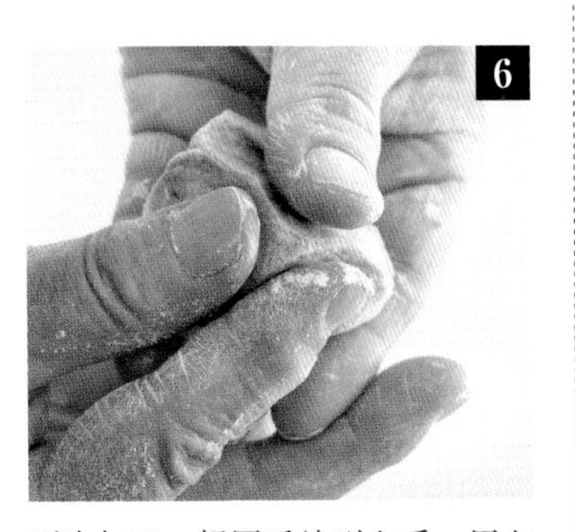

再次加工，揉圆后放到左手，用左手的大拇指在上方轻轻压按，右手的大拇指和食指贴到面团表面，横向用力，压出边角。转动后，用同样的方法压出5个边角。

用手指压即可。经过摩擦后，这部分的面团会变薄。

手工刮刀搭在边线的正中央，刀口朝向中心点。下刀时可以稍微超出中心点，压出印痕。其他边也用同样的方法处理。

不是将刮刀搭在面团上顺势拉动，而是由内向外地下压。

用毛刷拂去嵌在印痕里的多余面粉。

在冒着蒸气的蒸屉中铺上烘焙纸，放入面团，相互之间保持一定的间隔。蒸12分钟左右，冷却。参照P48“紫阳花”步骤3的方法，将冰饼磨碎，裹在底面即可。

用糯米粉预制的糯米果子

糯米磨成细粉后即为糯米粉。其特征是易吸水，加热后会变成黏稠状，具有弹力。冷却后不容易变硬，仍然保持柔软的状态，这是糯米粉与上用粉的最大区别。常用于制作春、秋、冬三季的糯米果子。

说起“岬屋”果子店的基本款和果子，必然会提到新年和新年第一次茶会用到的“箙饼”和“花瓣饼”。糯米粉的面浆为纯白色，沿用自身的颜色或再次着色，制作出的和果子都非常精致。还可以用这些和果子红白搭配组合。白色中微微透出一点红，这份雅致感足以凸显出和果子的高贵外形。

“黄莺饼”是一种简单的糯米粉和果子，用面浆、豆馅、黄豆粉就可以制作，适合初次制作。另外，还给大家推荐一款“嫩叶饼”。嫩叶饼的面团中混合了切碎的小松菜。将小松菜换成艾草的话，还可以制作出“春草饼”。

制作出美味的三大关键

一

蒸时铺一块平纹布

与“上用粉制作的糯米果子”（P56）相同，都是粉类溶于水后形成液状面浆，蒸过后呈黏稠状。此时需要铺一块织纹细密的布，避免蒸汽穿透布纹后面浆滴落。

二

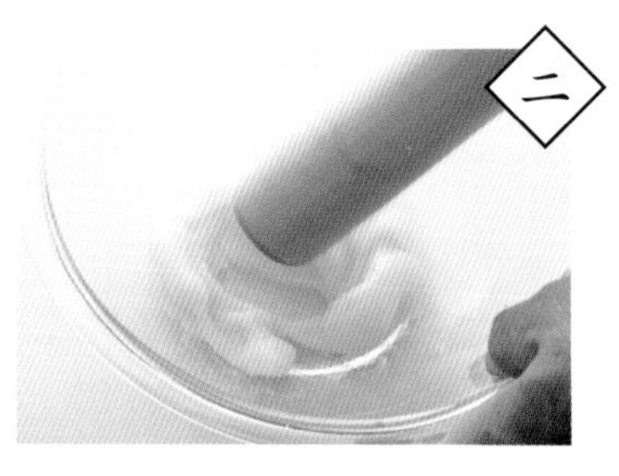

蒸好后的面团需要捣一下

蒸锅的上汽情况可能会因材质的不同而存在差异，有时会产生颗粒感。所以，蒸好后要用研钵棒捣一下，消除颗粒感，让整体呈均匀黏稠状。

三

面团柔软，处理时要小心

糯米粉蒸制而成的面团比上用粉的面团更柔软，处理时需要更加小心。移动时，先放到饭勺上，再用刮板拨下来。

→ 要点大致与“上用粉制作的糯米果子”相同，这也是制作糯米果子相通的技法。

黄莺饼

箙饼

嫩叶饼

葩饼

原本是用白豆沙馅制作。但这里教给大家的是用味噌豆馅制作，有时也在新年的第一次茶会上食用。

材料（20个的用量）

糯米粉…………………………200g
砂糖（上白糖）……………160g
水…………………………280mL
食用红色素…………………少量
味噌豆馅
　白豆沙馅（P94）………435g
　白味噌（盐分约为5%）*
　…………………………65g
蜜煮牛蒡（适量）
　牛蒡………………………2根
　砂糖………………………250g
　水………………………375mL
　米糠………………………200g
手粉（上用粉与太白粉按相同的比例混合）……………适量

*制作味噌豆馅时，白味噌的用量是白豆沙馅的10%~15%。这里的白味噌是指含盐量在5%左右的京都“西京白味噌”。这种味噌是用米曲发酵而成，非常甜。由于发酵过程还会继续，所以剩余的部分最好放到冰箱中冷冻保存。

需要特别准备的工具

・直径18cm、高2cm以上的木框（圆形的也可以）
・织纹细密的布（推荐使用加厚棉质的平纹布）

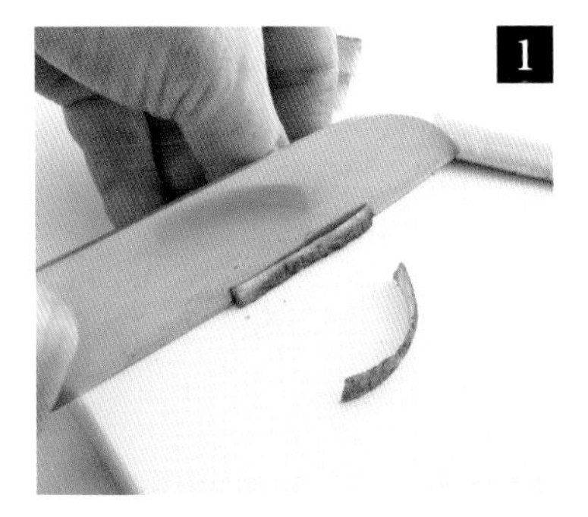

提前两天准备好蜜煮牛蒡。快速冲洗一下牛蒡，切成宽 5cm 的长段，去皮的同时再切成宽 4~5mm 的细条状。切好后立刻浸入水中，换水后迅速涮一下，倒入滤网中。

◆ 主要不是品尝牛蒡的味道，所以皮一定要切干净。

将 2L 的水（分量外）和米糠倒入锅中，快速搅拌之后放入步骤1，开火加热。沸腾后调至小火，煮 30 分钟后倒入滤网中，用流水冲掉米糠。

将分量内的水和砂糖倒入锅中，开火加热，搅拌后化开砂糖。沸腾后加入步骤2，再次沸腾后关火，静置冷却，使牛蒡入味。然后再次开火，冷却之后倒入密闭的容器中，在糖浆的覆盖下可以放入冰箱保存一周。

制作味噌豆馅。取一半的白豆沙馅，倒入锅中，用刮刀捣碎。加入白味噌，搅拌融合。用微弱的中火加热，摊开、混匀豆馅，至熟透。温度上升后调至小火。

◆ 白味噌容易煳底，当锅的温度上升后，要整体摊开豆馅，均匀加热。

湿气消失后，用手背轻轻碰触一下，感觉微烫即可关火。加入剩余的白豆沙馅，用力搅拌，利用余热混合均匀。

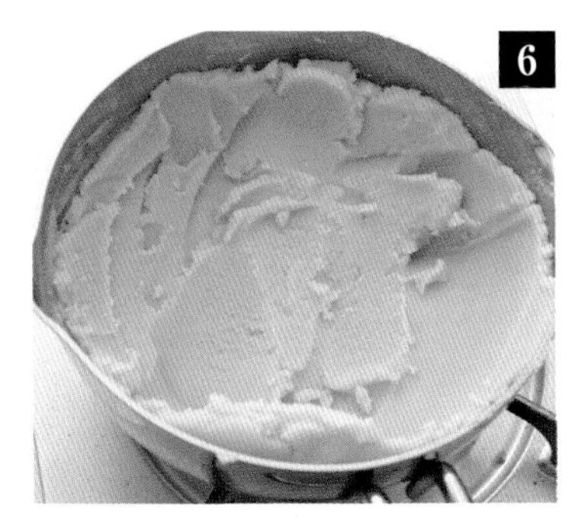

再次小火加热，用刮刀摊开豆馅，蒸发水分。关火后豆馅会紧贴在锅边，放置一会儿后就可以刮干净了。

◆ 稍微冷却，水分蒸发后更容易刮下锅边的豆馅。

制作面浆。将砂糖、60% 的水（分量内）倒入碗里，搅拌化开后再加入糯米粉，混合至顺滑状。然后加入剩余的水，搅拌均匀。

在蒸屉里铺上拧干的织纹细密的布。注入步骤7的其中一半，蒸 25 分钟左右。

◆ 与上用粉的和果子一样，如果用漂白布等织纹稀疏的布料，面浆会全部滴下来。所以要选择织纹细密的布。

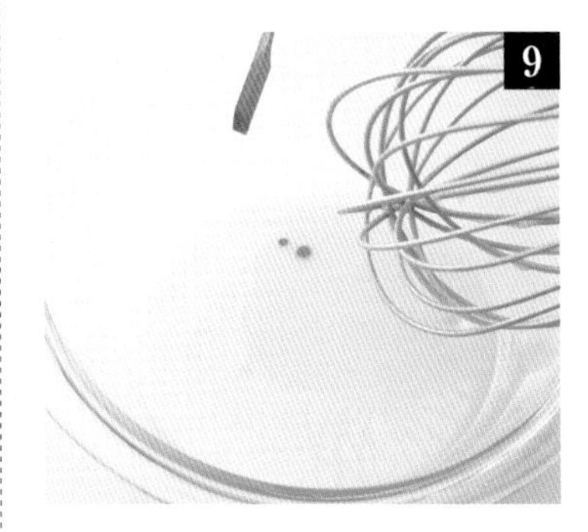

用少量的水（分量外）化开食用红色素，在步骤8剩余的面浆中滴入 1 滴，混合，调整成浅粉色。再参照步骤8的要领蒸好。

◆ 蒸制时，白色面浆与粉色面浆所需的时间差不多，可以用两个蒸锅或者分成两层蒸。

步骤3倒入滤网中，滤去蜜汁。步骤6以25g为单位，制作20个，揉成圆筒状。牛蒡放到中央，轻轻压到馅团里。

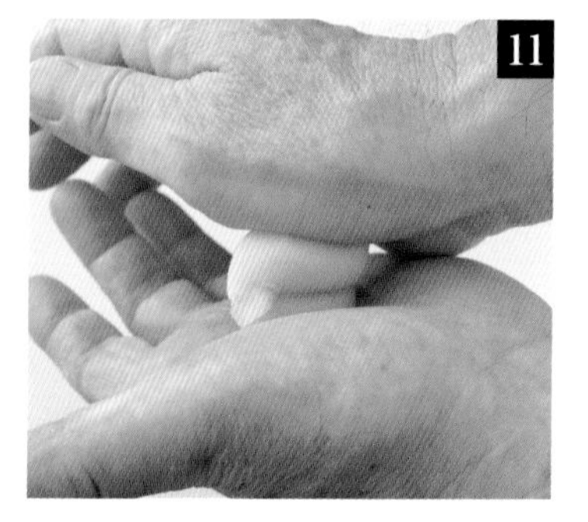

由外向内轻轻对折。

步骤8蒸好后，连着布一起取出，移到碗里。研钵棒浸湿后在碗里一边捣一边搅拌，消除颗粒感。

在方盘底铺上手粉，用硅胶刮刀和刮板取出步骤12的一半白面团。

滚动后形成细长状，再10等分切开。剩余的面团也用同样的方法10等分切开。步骤9的粉色面团也参照步骤12～13的要领取出，与白面团一样，每块都是10等分切开。

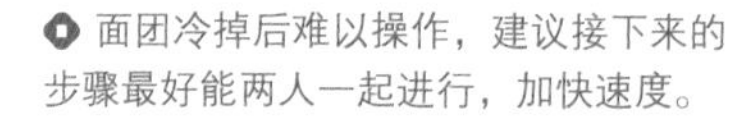

面团冷掉后难以操作，建议接下来的步骤最好能两人一起进行，加快速度。

白色面团稍稍压平，粉色面团放到上面，重叠。注意粉色面团不要从白色面团的边缘溢出来。

白色中透出些许浅粉色，这才是箯饼的美妙之处。如果面团从边缘溢出来，就破坏了这种精致感。

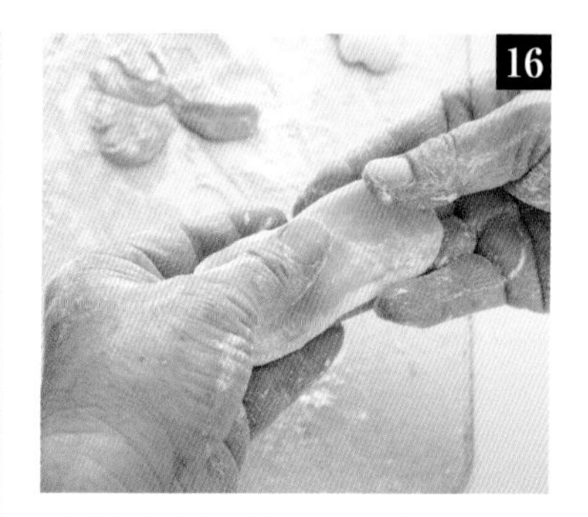

用手指轻压，然后用两手拿好，顺势用手指拉伸成宽4cm、长10cm的外皮。

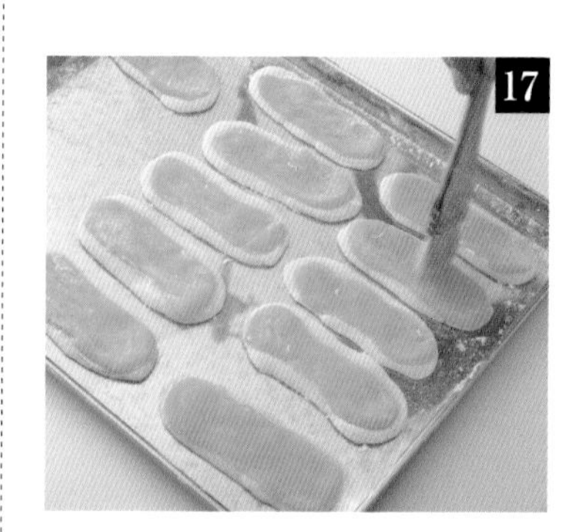

放到方盘里，用毛刷拂去多余的面粉，放置一会儿，稍稍冷却。

外皮热的时候太软，会粘在手上。冷却变干后，外皮和豆馅才不会粘在一起。

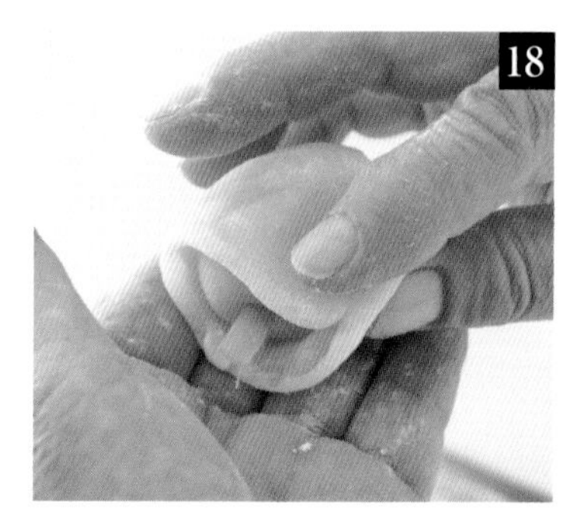

步骤11的闭合处朝内，放到外皮的中央，由外向内卷起对折。最后再用手指轻轻压一下闭合处，使其合拢。

黄莺饼

以宣告春天来临的黄莺为意象的早春和果子。用青豆粉做手粉，表现出淡雅的黄绿色，同时还散发着阵阵香味。可以参照箙饼的方法制作同样的面浆。

材料（25个的用量）

糯米粉……………………… 200g
砂糖（上白糖）…………… 160g
水………………………… 280mL
红豆沙馅（P86）*1 ……… 625g
青豆粉（青大豆的粉末）*2… 适量

*1 以25g为单位，制作25个馅团。
*2 青豆粉经过一段时间后会变色，制作时请选用新打开的青豆粉。

需要特别准备的工具

· 直径18cm、高2cm以上的木框（圆形的也可以）
· 织纹细密的布（推荐使用加厚棉质的平纹布）

制作方法

❶ 参照P67~68“箙饼”的步骤7 ~ 8制作出同样的面浆，蒸好。

此处不分颜色，可以全部一起蒸。

❷ 在方盘里撒上青豆粉，参照“箙饼”步骤12的方法，用研钵棒捣拌步骤❶，然后参照步骤13 ~ 14的方法切成25块，每块的重量为25g。之后轻轻揉圆。

❸ 参照P5的包法包好馅团后揉成圆筒状。横向放好，两手的大拇指、食指放到方盘里，用力拿稳面团后捏紧两侧（a）。

捏的位置稍微低一些，这样看起来才更像黄莺的样子。

❹ 用掌腹从上面轻轻地压一下，变得稍微扁平一些（b）。最后在表面撒上青豆粉（c）。

用手轻轻拍打装有青豆粉的滤网，使撒下来的青豆粉更细腻，外观看起来更精致。

a

b
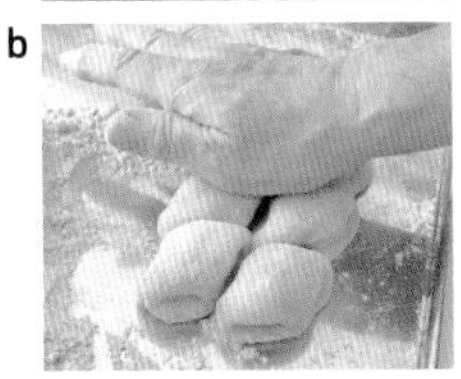

c

3-4月

嫩叶饼

一款春天的和果子，用于表现刚冒出新芽的嫩叶，颜色清新。蔬菜选用了没有涩味、耐热、不易褪色的小松菜。红豆沙馅若隐若现，让绿色看起来更鲜艳。

材料（25个用量）

糯米粉……………………… 200g

砂糖（上白糖）…………… 160g

水………………………… 260mL

小松菜…………………… 2~3根

红豆沙馅（P86）*………… 625g

手粉（太白粉和上用粉按同样的比例混合）……………… 适量

*以25g为单位，制作25个馅团。“岬屋”店里使用的是含盐豆馅。

需要特别准备的工具

・直径18cm、高2cm以上的木框（圆形的也可以）

・织纹细密的布（推荐使用加厚棉质的平纹布）

1

小松菜洗干净，每片叶子都分开。用右手的大拇指和食指拿着茎部，左手的食指和中指从下方插入，夹住叶子的根部。

2

用左手大拇指压住，顺势将拿着叶子的左手往后拉，剔除茎部和叶脉。然后擦干水分。

◘ 茎部和叶脉较硬，而且带有涩味，所以要完整地剔除。用此方法处理起来又快又干净。

3

每片叶子的方向相互交替，重叠放好。卷起来后切成细丝。大约会用到 12g。

◘ 相比沿同一方向重叠放好，方向相互交替之后叶子更容易卷起来，切出来的效果更好。

4

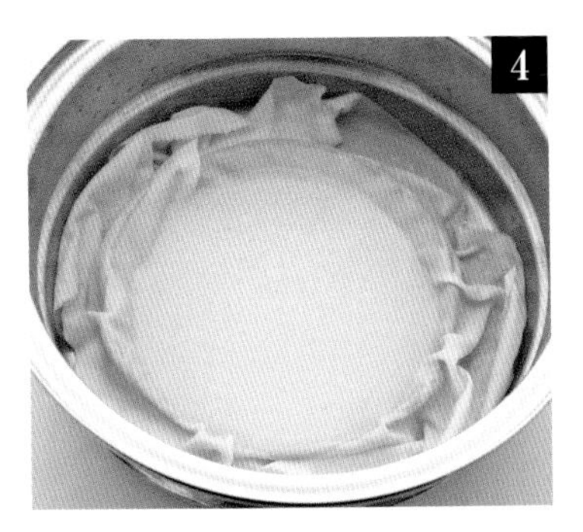

参照 P67~78“箙饼”的步骤 7 ~ 8 制作同样的面浆，蒸好。

◘ 此处不分颜色，可以全部一起蒸。

5

参照“箙饼”步骤 12 的方法用研钵棒捣几下，步骤 3 散开后放入其中，混匀。

6

再参照“箙饼”步骤 13 ~ 14 的方法取出来，以 25g 为单位，切成 25 块，轻轻揉圆。

7

参照 P5 的包法包好馅团后调整成圆筒状。用手掌从上方轻压成稍微扁平一些，再用毛刷拂去多余的面粉即可。

改良成草饼

在步骤 5 中，用艾草代替切碎的小松菜，即可制作出草饼。如果是冷冻的艾草，可以取 20g 左右，在冷藏室里解冻。生艾草先放入热水中煮 2~3 分钟，关火后加入小苏打，固色。用冷水过一下，拧干水后，用刀背拍碎。

在家里也可以挑战的 熟和果子

熟是在豆馅中加入小麦粉（低筋面粉），混合后蒸制而成的和果子。不过，此处我们使用的是小麦粉和糯米粉。相比于使用白玉粉的“练切”来说更容易上手，在家里也可以轻松做出面团。通过木质工具的雕刻和颜色的变换，还能表现出一年四季的景象。

9月

名月（带皮的芋头）

以赏月时供奉的芋头为原型，适合九月食用的和果子。外形并不特别，用手就可以完成，方便在家里制作。用毛刷在表面涂一些桂皮（锡兰肉桂）粉，让芋头的样子更逼真。

材料（20 个的用量）

白豆沙馅（P94）………… 600g
低筋面粉………………………… 30g
糯米粉………………………… 10g
红豆沙馅（P86）* ……… 400g
桂皮粉（锡兰肉桂的粉末）
……………………………… 适量

* 以 20g 为单位，制作 20 个馅团。

需要特别准备的工具

· 粗格滤网（4 目）

1 用细格滤网筛滤低筋面粉、糯米粉，与白豆沙馅一起倒入碗中。用手揉捏，混合均匀。

2 粉末消失后，即可停止混合。碗底容易留下面粉，需要来回翻几次，确保粉末完全消失。

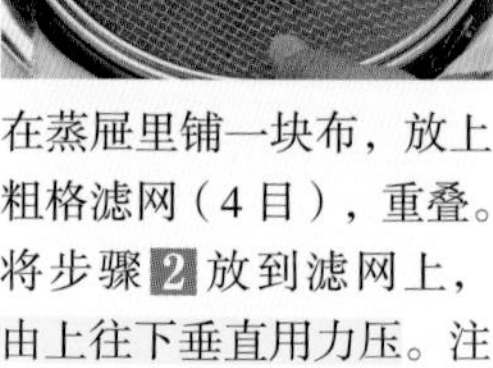

3 在蒸屉里铺一块布，放上粗格滤网（4 目），重叠。将步骤 2 放到滤网上，由上往下垂直用力压。注意不是与滤网摩擦。

4 用筷子将面团均匀地拨向四周，中央稍微薄一些。

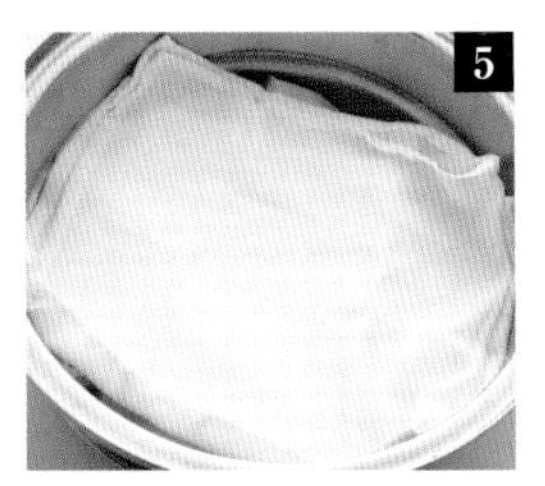

盖上布，蒸 30 分钟左右。

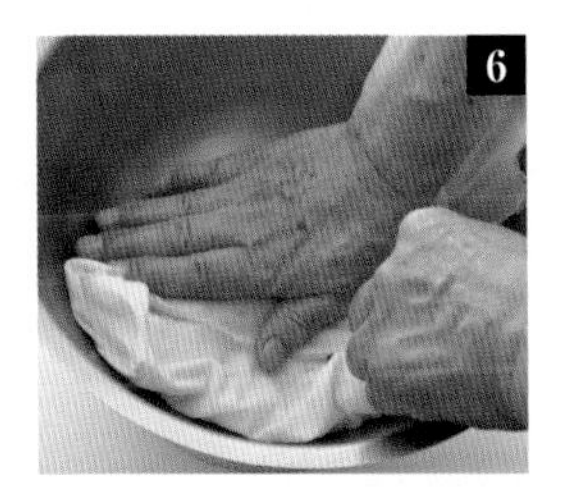

连同布一起从蒸屉里取出，移到碗里。浸湿手，从布的上方压紧面团。温度非常高，要小心烫伤。

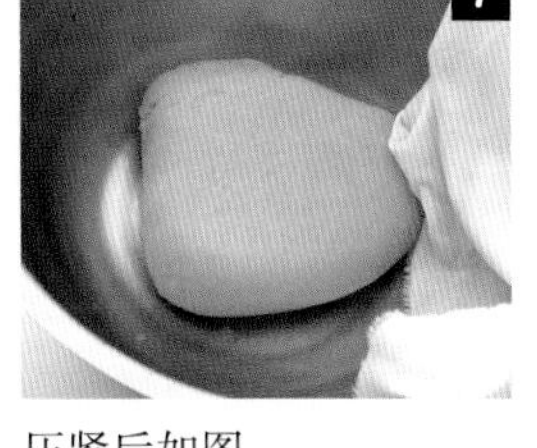

压紧后如图。

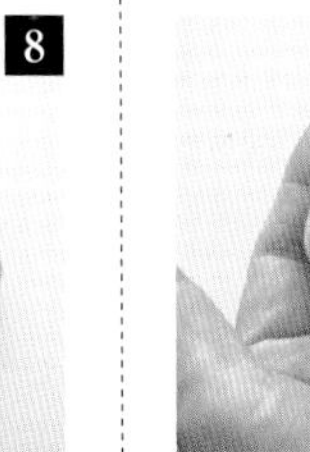
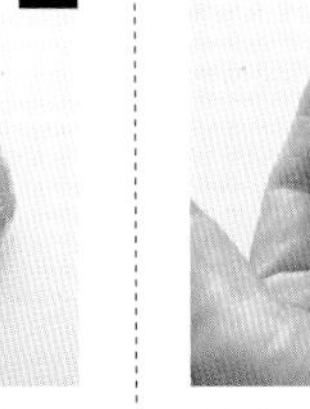

揭开布，用手掌用力揉至面团的颜色均匀。揉成一团后，用保鲜膜包住，直至冷却。

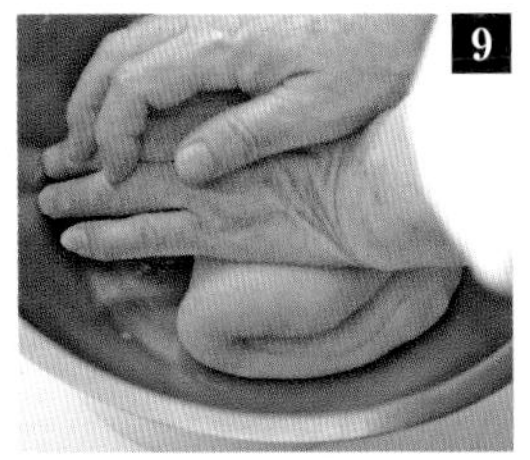

撕掉保鲜膜，放到碗里。两手浸湿后再揉一次。以 30g 为单位，分成 20 块，轻轻揉圆，然后制作成 20 个直径约 5mm 的小圆球。

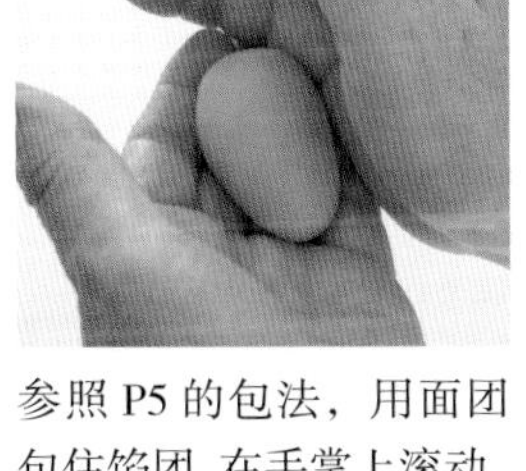
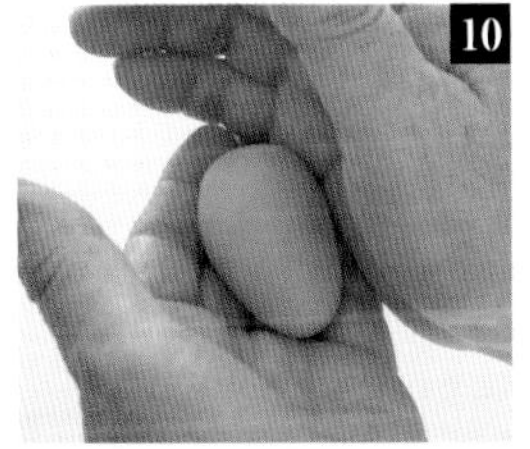

参照 P5 的包法，用面团包住馅团。在手掌上滚动，揉成类似芋头的纺锤形。

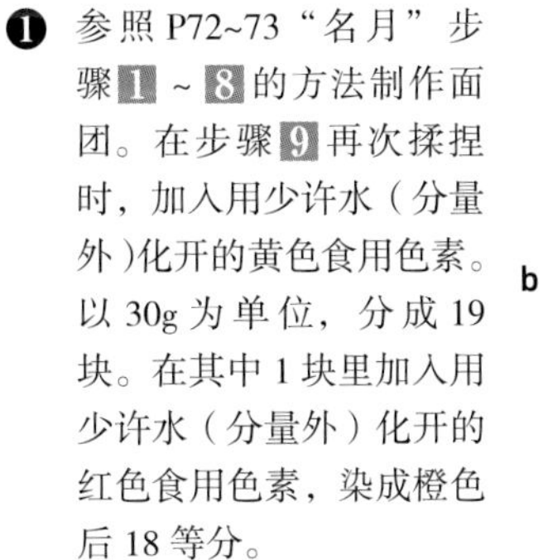
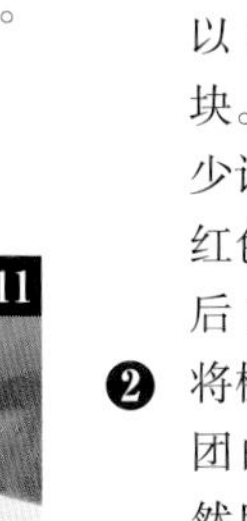

用食指在中央压出凹槽。

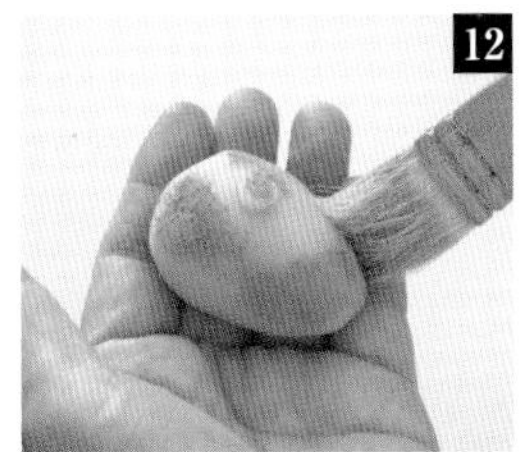

将步骤 9 的小圆球放到凹槽里，轻轻压一下。最后用毛刷蘸取桂皮粉，将表面涂成斑块状。

| 10~11 月 |

爬山虎红叶

红叶般的爬山虎叶子，属于秋天的和果子。基本的制作方法和材料与名月相同。形状是用手做出来的，一定要试试看哦！

制作方法（18 个的用量）

❶ 参照 P72~73“名月”步骤 1 ~ 8 的方法制作面团。在步骤 9 再次揉捏时，加入用少许水（分量外）化开的黄色食用色素。以 30g 为单位，分成 19 块。在其中 1 块里加入用少许水（分量外）化开的红色食用色素，染成橙色后 18 等分。

❷ 将橙色的面团放到黄色面团的顶端，揉圆（a），然后用手掌轻压。

❸ 橙色部分稍微朝上，用小拇指在黄色部分压出凹槽（b）。另一侧也用同样的方法处理（c）。左右压出凹槽后，爬山虎红叶的形状大致完成。

❹ 食指轻放在橙色的下端，往上用力，形成凹槽（d），调整叶子的形状。

❺ 用手工刮刀在侧面划出叶脉，然后将左右两侧展开的叶子稍稍向内捏一下，调整形态（e）。最后再用牙签在正面划出叶脉（f）。

a

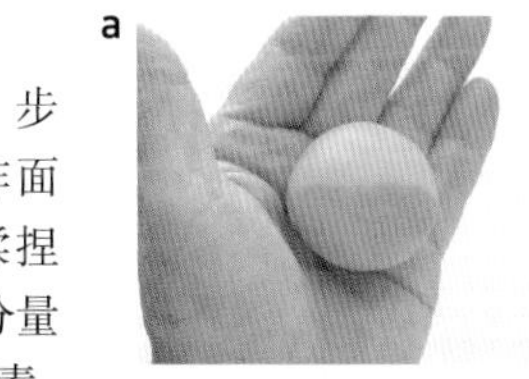

b

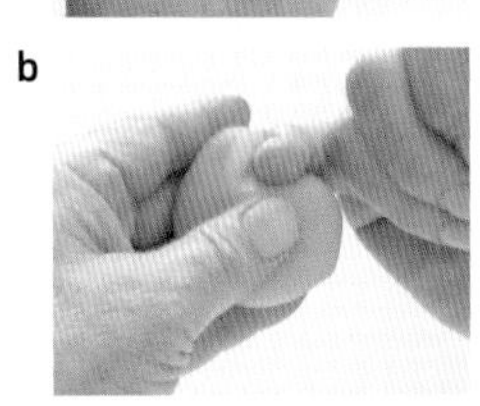

c

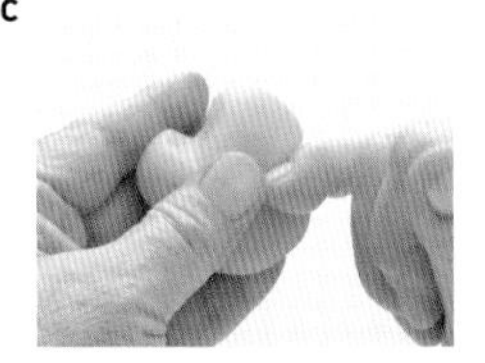

d

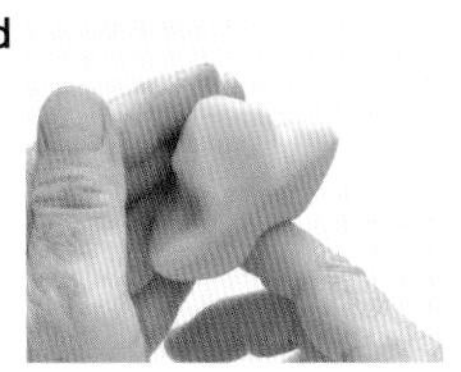

e

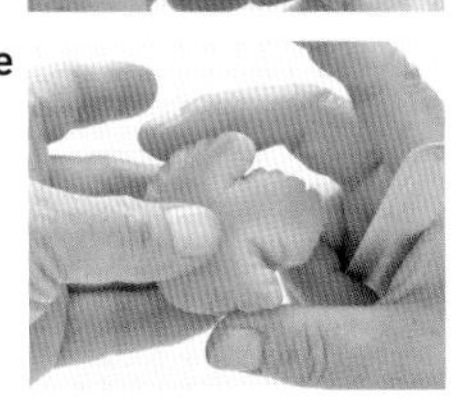

f

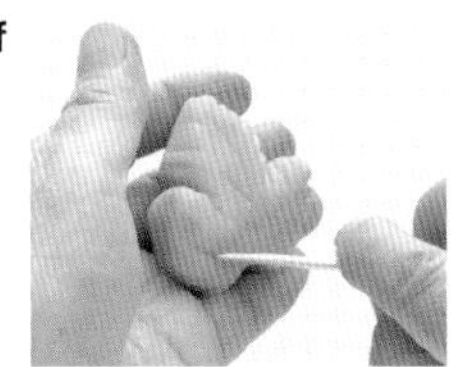

半生果子

茶席上，通常会用干果子和半生果子搭配淡茶。半生果子所呈现的意境中充满着季节感，色彩鲜艳，是既可品尝又可欣赏的和果子。

制作时需要专门的木质工具、精巧的技巧，许多半生果子只能在专卖店里完成。但我们向大家介绍的这几款都可以在家里制作。

只要有方形模具就能轻松地制作出“油菜花田”，用其他边缘为直角的方盘也可以。

“路过秋天”是“小仓烧”和“红叶”两种和果子摆盘后呈现出的画面，因此而得名。小仓烧要用平底锅或电饼铛煎焙；红叶则需要模具。变换颜色、模具之后，想要做出其他季节的干果子也可以。

制作出美味的三大关键

一 上色均匀的诀窍

制作半生果子时，很多时候都会对食材进行上色。此时，不要试图将全部食材一次性染上颜色，可以先将一部分染上颜色，再与剩下的部分融合，这样染出的颜色更均匀，不会有色块。

二 寒梅面团要放置一段时间

大多数半生果子都是直接混合制作面团的材料，无需加热即可食用。因为，我们通常都会使用事先蒸熟的“寒梅粉”。混合后，短时间内面团还处于“兴奋”状态，需要放置一段时间，味道融合后再进行塑形或切分。

三 用刮板会更方便

为了避免破坏面团的状态，需要轻轻地挑起、抹平，并尽量让面团布满模具的每个角落……此时，板状的刮板就是最得力的帮手。可以在制作和果子的材料店买到。

路过秋天

油菜花田

「小仓烧」

「红叶」

3-4月

油菜花田

黄色与黄绿色的组合，好似油菜花田。这款春天的和果子保质期为两周。刚做好时入口即化，慢慢会变硬，但口感依旧让人回味！

材　料（11cm × 14cm × 14.7cm 方形模具 1 个的用量）

砂糖（上白糖）……………………200g
寒梅粉……………………………… 60g
胶糖蜜（13g）………………… 4 颗
食用色素（黄色、绿色）… 各少许

需要特别准备的工具

・11cm × 14cm × 4.7cm 的方形模具（边缘为直角的方盘也可以）
・粗格滤网（7 目）

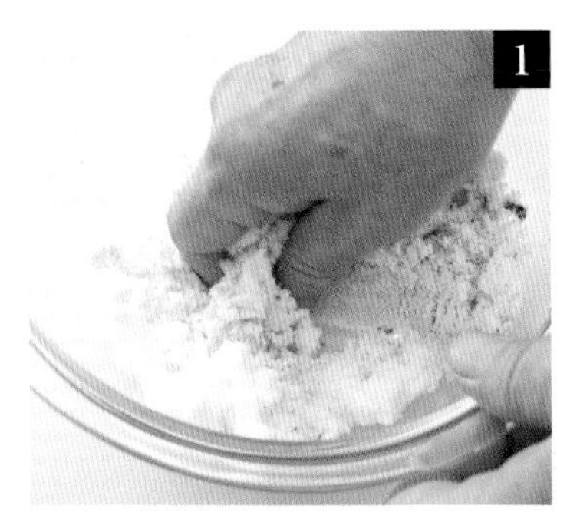

用少量的水（分量外）化开绿色的色素。取一半砂糖倒入碗中，加入1滴色素。用手揉捏色素周围的砂糖，变色后再与所有的砂糖混合，调整颜色。

颜色变均匀后，加入两颗胶糖蜜，混合。用手抓起砂糖相互摩擦、揉匀，使胶糖蜜充分吸收。

加入一半的寒梅粉，用力揉。再用另一个碗，按同样的方法制作黄色的面团。

抽出方形模具的内底，将绿色的面团倒入底面，抹均匀。

◎ 用刮板和筷子将面团布满每个角落。

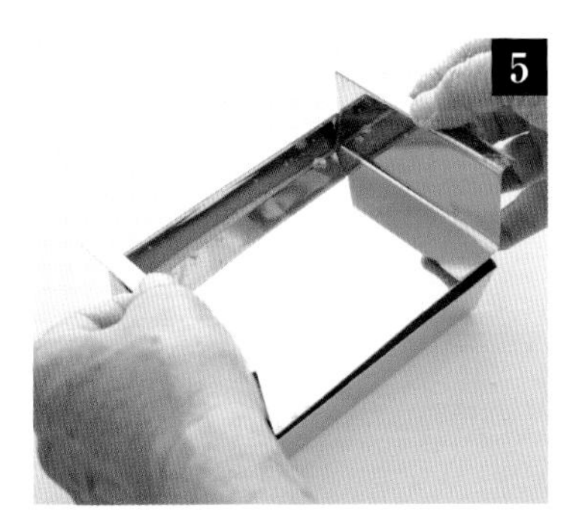

把方形模具的内底放到绿色的面团上，均匀用力，压紧。刚开始先拿着两侧的把手往下压，之后只压中央即可。

将2/3的黄色面团均匀地放到步骤5上。同样用模具的内底压紧。

把粗格滤网放到方形模具上，剩余的黄色面团过滤到模具中。然后用筷子抹均匀，调整形状。

◎ 顶层呈松软状，表现出油菜花盛开的样子。

敷上保鲜膜，放置半天，使味道更融合。

◎ 寒梅粉放置一段时间后味道会更融合，更有余味。

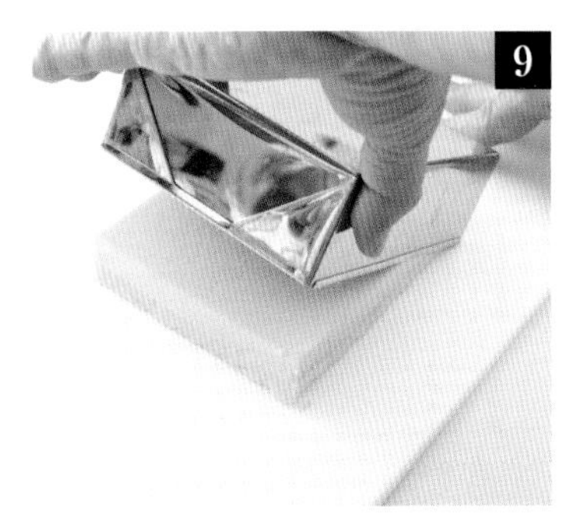

将刀放入模具和面团中间，反扣到砧板上。再放上另一块砧板，翻面。正面朝上，纵向切成两半，横向5等分切开。

◎ 切法可随意调整。既可以是正方形，也可以用模具压成自己喜欢的形状。

10~11月

路过秋天

红豆粒馅的面团经过煎焙后制成小仓烧，以及漫天飞舞的红叶。两种和果子摆放在一起便是秋天的感觉。在家就可以做出搭配淡茶的干果子，作为伴手礼送给亲朋好友也是不错的选择哦！

材料（适量）

小仓烧

- 红豆粒馅（P86）……200g
- 寒梅粉……4g
- 芝麻油*……适量
- 手粉（低筋面粉）……适量

红叶

- 白豆沙馅（P94）……100g
- 砂糖（上白糖）……100g
- 寒梅粉……10g
- 食用色素（红色、黄色）……各少量
- 手粉（太白粉）……适量

需要特别准备的工具

- 红叶模具

* 建议选用香味浓郁的芝麻油，也可以用色拉油代替。

制作小仓烧的面团。红豆粒馅、寒梅粉倒入碗中，用手揉捏均匀。

揉成一块后用保鲜膜包住，静置 60 分钟。

◆ 静置一段时间，让豆馅的砂糖和寒梅粉充分融合。

制作红叶的两种面团（2 色）。用少量的水（分量外）化开黄色的色素。取一半的砂糖倒入碗中，滴入 1 滴黄色的色素，用手混合，调整颜色。

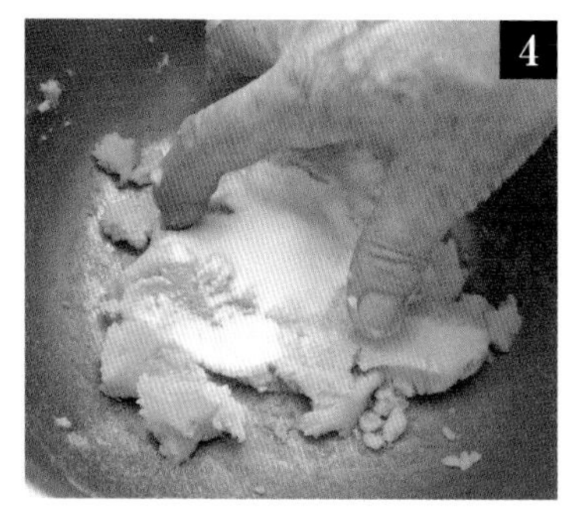

再加入一半的白豆沙馅，用力揉。整体混合均匀，注意控制黏度。接着再加入一半的寒梅粉，混合。

用保鲜膜包好，静置 30 分钟 ~1 个小时。用另外一个碗，参照步骤 3 ~ 5 的方法与红色的色素混合，制作出另一个颜色的面团。

煎焙小仓烧的面团。在台面上撒一些手粉，步骤 2 放到上面，再擀成厚 6mm 的片状。

◆ 两端放上厚 6mm 的木棒（或尺子），用擀面杖擀薄面团。

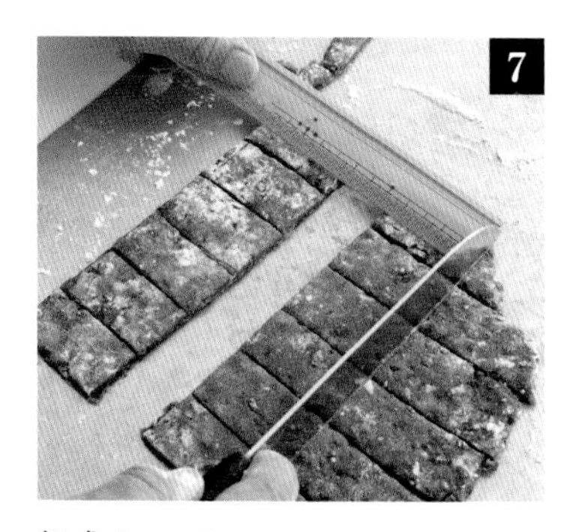

切成 3cm × 5cm。

◆ 也可以用自己喜欢的模具压出形状。剩余的部分再揉成一团，擀成 6mm 的片状后再用模具压出形状。

平底锅加热（或者是加热至 120℃ 的电饼铛），涂上一层薄薄的芝麻油。用微弱的中火煎焙步骤 7，变成焦黄色后翻面，继续用同样的方法煎焙。之后取出来，冷却。

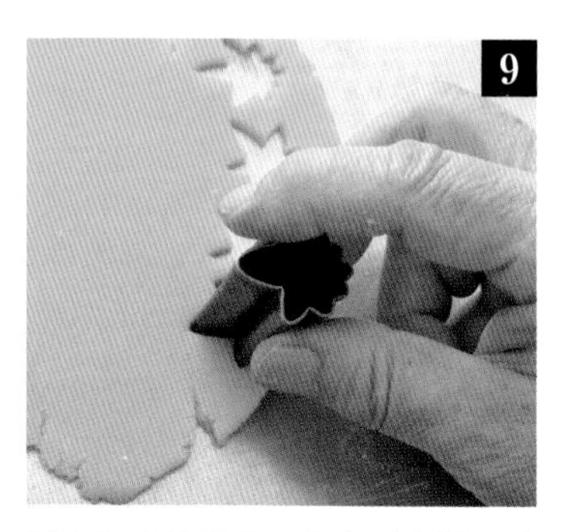

压出红叶的形状。在台面上撒一些手粉，将步骤 5 放到上面，擀成厚 4mm 的片状，用模具压出红叶的形状。

◆ 变换颜色、模具之后还可以应用到更多的地方。发挥自己的想象，随意创作一下吧。

“岬屋”果子店的红饭

糯米和豇豆制作而成的红饭，是“岬屋”果子店为喜事庆典准备的食物。红饭中所用的豇豆皮厚，且不易裂开，不会让人联想到“切腹”，所以日本武士之家在办喜事时经常会使用。另外，豇豆能让红色更加鲜艳。关键在于将水量控制在可以煮沸的最低限度，煮的过程中再加水。这样一来，豇豆的颜色愈发浓郁。需要注意的是，水量过多，长时间煮的话豇豆容易煮烂。深红色的煮汁与浸泡过的糯米混合，蒸熟后即可。

这种方法可能与时下的一般做法不同，但却是红饭本来的做法。尝过之后就知道，这才是食物的原味。

材料（适量）

糯米………………5合（750g）

豇豆………………………… 75g

小苏打………………………… 5g

水………………………… 120mL

糯米洗干净后用水（分量外）浸泡一晚。然后倒入滤网中，滤干水分。

◎ 浸泡时间的参照标准：夏天 3 小时以上，冬天 5 小时以上。

锅中倒入水（分量内），煮沸后放入豇豆。再次沸腾后，继续煮 2~3 分钟。然后一次性加入 60mL 的水（分量外）。

◎ 加水后显色效果更好，但为了最后成品的颜色，水不能加太多。

保持沸腾的状态。

参照步骤 2 的方法，再加 3~4 次水。

沸腾后关火，加入小苏打。水会一直沸腾，可以轻轻地搅拌一下。

◎ 加入小苏打可以防止褪色。

滤网与碗重叠，滤干水分。留好煮汁。

滤好的豇豆浸入冷水中，然后再倒入滤网中，滤干水分。

◎ 降温可以防止豆皮破裂。

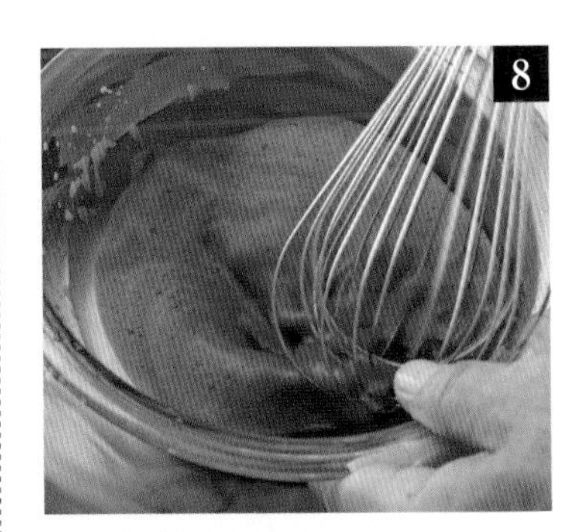

将装有煮汁的碗放到冰水中，用打蛋器击打碗边，从底面搅拌，让煮汁与空气充分接触，显色效果更好。出现细腻的小泡即可，一般需要搅拌 4~5 分钟。

步骤 1 倒入碗中，再加入步骤 7、8，用手搅拌，混合均匀。

蒸屉放到方盘里，铺上一块布，将步骤9倒入其中。

◘ 水分会析出来，所以下面要有方盘接着汤汁。

中央呈凹陷状。把布折起来，盖住糯米和豇豆，放入蒸锅中蒸40分钟。

◘ 蒸汽不易穿透中央部分，所以要比其他地方低一点。在此过程中，如果蒸锅里的水不够，可以添加热水。

从蒸锅上取下来，放到方盘里，撒上水（分量外）。用手掬水，撒到所有地方。撒完5次后静置5分钟，让水往下滴一会儿。

再次用蒸锅蒸30~40分钟。蒸好后如图。

连同布一起取出，放到碗里。往上拉布，用饭勺翻动。下面的颜色会深一些，要将整体的颜色搅拌均匀。

在方盘里铺上一块湿布，将步骤14摊开，拨一拨。热气大致散去后再盖上湿布。

醇味芝麻盐的制作方法

“岬屋”果子店的芝麻盐是非常深邃的墨色，一眼看上去只有芝麻，但尝过之后才能感受的浓郁的盐味。可以长期保存，多做一些也无妨。

材料（适量）

洗净的芝麻（黑）………… 100g
盐（自然盐）……………… 20g
水………………………… 150mL

制作方法

1. 将水倒入口径较大的锅（或平底不粘锅）中，煮沸，化开盐。
2. 加入芝麻（a），煎至水干。最后再晃动一下锅，使水分完全蒸发（b）。
3. 倒入滤网中，滤去多余的盐。在方盘里铺上厨房纸巾，摊开后冷却。

自制的美味

掌握豆馅的煮法

豆馅是和果子的命。
红豆的味道丰富而浓郁，
水分完全蒸发后，才能在包、拉的时候便于调整。
这两点对于豆馅来说非常重要。
尤其是茶席上食用的和果子，
豆馅的味道决定了一切。

本书用到了红豆粒馅、红豆沙馅、白豆沙馅，在介绍这三种豆馅的煮法时，都是以家庭制作的最少量（红豆400~500g）为标准。如果红豆少于此量，制作时容易失败，要特别注意。多余的豆馅可以冷冻，所以做多了也不碍事。

关键在于观察煮汁的颜色。这个颜色是胚芽蛋白破坏程度、红豆吸水情况的参考标准，所以要在充分吸水后再开始煮。锅的参照标准是直径21cm。最好是底面有面积标识的铜锅或中式炒锅，也可以是像雪平之类底面边角平滑的锅。

豆馅做好后，应该比大家想象的还要干、硬。不过，如果不是这种状态，就无法做出美味的和果子。红豆的味道浓郁，回味无穷。这种豆馅在包、揉的时候都更容易，使用起来也更方便。味道和制作的难易度都非常重要。

想要更省事的朋友，也可以选择市售的豆馅，再次加工后使用（P55）。

制作出美味的三大关键

一 用水泡不开红豆

很多人都认为“红豆要用水泡开”。但我不会用水浸泡红豆，因为用水是泡不开红豆的。红豆吸水的部分只有“胚芽”，当蛋白质受到破坏时才开始吸水、变软。所以，直接倒入沸腾的热水中泡开吧！

二 煮好的豆馅会失去光泽

用红豆和砂糖两种食材煮制的豆馅，最初会有光泽。但随着砂糖与红豆的完全融合以及均匀度的提高，光泽也会褪去。如果仍有光泽，则说明搅拌得还不够充分。

三 不时擦拭锅边的豆馅

搅拌豆馅时，偶尔也要用厨房纸巾擦拭一下锅边。如果不擦，水分蒸发后就会变硬、糖化，混入豆馅里会影响口感。

红豆粒馅 红豆沙馅

红豆粒馅和红豆沙馅都是基本的豆馅，两种馅前半部分的制作方法共通。红豆沙馅的口感更细腻，红豆粒馅的红豆味更醇厚，可根据所做的和果子及香味的组合等酌情使用。

红豆粒馅

材料（成品约 1300g 的用量）

红豆（干燥）………………… 400g

砂糖（上白糖）…………… 600g

小苏打……………………………… 5g

水…………………………………… 适量

红豆沙馅

材料（成品约 1400g 的用量）

红豆（干燥）………………… 500g

砂糖（上白糖）…………… 600g

小苏打……………………………… 5g

水…………………………………… 适量

需要特别准备的工具

红豆沙馅

· 束口袋（建议选择用厚平纹布缝制、织纹细密的束口袋）

· 滤网（20 目）

红豆粒馅、红豆沙馅共通

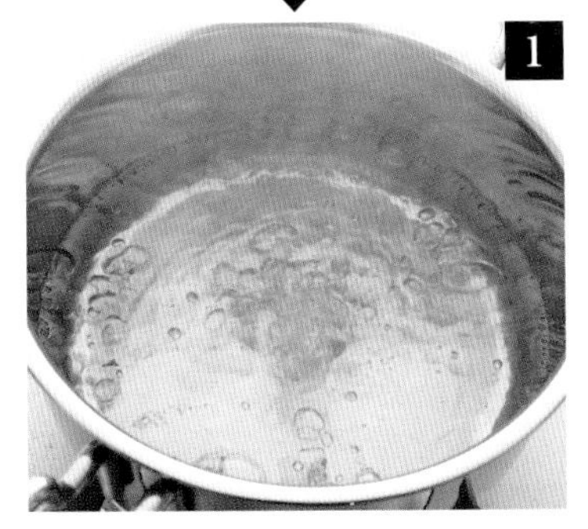

在锅中加入量为红豆 1.5 倍的水（红豆粒馅为 600mL，红豆沙馅为 750mL），开火加热至从锅中央冒出泡来。

◆ 加热至下面的水开始往上翻腾时为止。

放入红豆。

◆ 关键在于红豆无须提前浸泡，直接倒入沸腾的水中即可。破坏红豆的胚芽后方可充分吸水。

沸腾后继续煮 2~3 分钟，然后一口气加入水（红豆粒馅为 600mL，红豆沙馅为 750mL）。

◆ 加水后，温度会瞬间下降到 60℃，这样才能破坏胚芽的蛋白质，使红豆充分吸水、变软。一次可能达不到破坏的效果，需要重复几次。

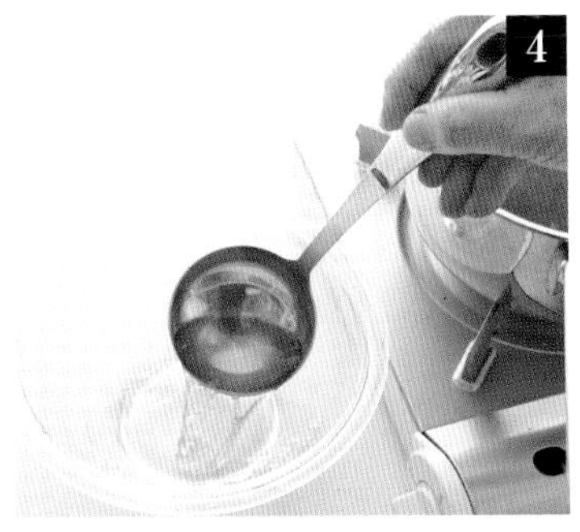

马上将锅里的热水舀出来（红豆粒馅为 600mL，红豆沙馅为 750mL）。

◆ 这个时候，胚芽的蛋白质还没有受到破坏，舀出来的热水颜色还很淡。

参照步骤 3 ~ 4 的方法，沸腾后继续煮 2~3 分钟，然后一次性加入水（红豆粒馅为 600mL，红豆沙馅为 750mL）。接着再把热水舀出来，水量保持在没过红豆 2cm 的位置。

◆ 第二次的颜色稍微深一些，但还比较澄清。此阶段还是只有表皮的颜色。

同样，沸腾后继续煮 2~3 分钟，加水（红豆粒馅为 600mL，红豆沙馅为 750mL）。接着再把热水舀出来，水量保持在没过红豆 2cm 的位置（重复 4~5 次）。

煮汁如左侧第一杯一样浑浊时，即可停止。从右侧起，分别为第一次、第二次、第四次、第五次的煮汁。

◆ 蛋白质受到严重破坏后，煮汁才能变色。

煮好的红豆如图（右）。吸水后，大小约膨胀为原来的（左）3 倍。

倒入滤网中，滤干煮汁。

◆ 此步骤称为“去涩”。这些煮汁不能使用。

在锅中加入量为原来红豆 1.5~2 倍的热水，煮沸后放入小苏打、步骤9。再次煮沸后调至小火。

◐ 热水太多、火太大的话，豆会在锅里翻腾，容易烂。制作红豆粒馅时要特别注意。

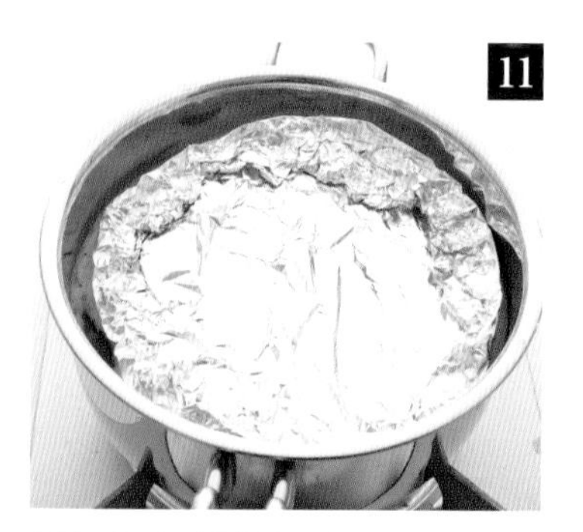

用铝箔纸制作的盖子盖好，煮 20~30 分钟，使红豆变软。中途需要加水，避免红豆露出水面。

◐ 不时转一下锅，避免煳底。新豆子容易软，煮 20 分钟左右即可。

煮好后的状态。

红豆粒馅

滤网与碗重叠，倒入步骤12，将红豆与煮汁分离。煮汁静置在一旁，让生豆馅沉淀。

◐ 煮汁不要倒掉。

将步骤13的红豆倒回锅中，加入砂糖。

步骤13煮汁的底面形成生豆馅的沉淀，分成两层后，轻轻撇去上层的水。

将步骤15的生豆馅加入步骤14的锅中，用木质刮刀搅拌，与砂糖混匀。

开中火加热，用木质刮刀轻轻抵住底面搅拌，避免弄坏豆子，同时使砂糖完全化开。中途沸腾的话，可以将火调小一点。

用漏勺舀起红豆，倒入滤网中，与煮汁分离。

◐ 此时，如果取出红豆与煮汁，和白玉团子一起加热后，便是香醇的善哉红豆。还可以用红豆搭配冰淇淋，同样美味。

将步骤18过滤出的煮汁倒回锅里。用中火加热后收汁。使用耐热的硅胶刮刀搅拌，可以降低失败率。

◆ 调节火候，避免泡泡一直往上冒。尤其注意容易过热的锅底。

沸腾之后调至小火，保持轻微沸腾的状态。用刮刀抵住锅底轻轻搅拌，避免煳底，慢慢收汁。

◆ 搅拌时，从内往外转动刮刀，参照中央、右侧、中央、左侧的顺序进行。

不时用浸湿的厨房纸巾擦拭锅边。

◆ 粘在锅边的汤汁凝固后就很难化开了。如果混入豆馅中还会影响口感，请尽快擦掉。

水分渐渐减少。注意搅拌，避免煳底。此阶段豆馅的表面仍有光泽。

继续熬煮，用木质刮刀抵住底面，如果搅拌时能看到锅底，而且豆馅的表面不再有光泽，便可关火。

◆ 熬煮到此时，豆馅的味道已变得甜而不腻，红豆的醇味也煮出来了。

步骤18的红豆倒入锅中，用木质刮刀从锅底往上翻搅，混匀。

分成小份，移到木砧板上。多余的水分会被木砧板吸收。

热气大致散去后，用木质刮刀挑起豆馅，轻轻摔进方盘里。

◆ 轻摔可以排出豆馅中的空气，防止长霉。

将干布对折后缠在手上，压按豆馅，抹平表面。表面晾干后敷一层保鲜膜。

◆ 为了让所有部分都干透，请将豆馅放平。

红豆沙馅

准备两个碗，一个碗装上七成的水，另一个碗与滤网重叠。用圆勺舀 1 勺步骤12的红豆（连着汤汁），倒进滤网里，然后用勺背轻压、旋转，大致去皮。

留有豆皮的滤网和盛有水的碗重叠，用圆勺搅拌，过滤出生豆馅。

用力挤压，过滤出水分。去掉残留在滤网里的豆皮。

◆ 在步骤13中，也可以用料理机轻轻搅拌 2~3 次，但不要搅得过碎。注意每次都是舀起 1 勺，参照步骤14 ~ 15的方法处理。

重复步骤13 ~ 15，扔掉皮。两碗合并成一碗，将空碗里残留的生豆馅冲洗后倒入另一个碗里。用滤网过滤步骤12留在锅里的煮汁，然后也加到碗里。

将细格的滤网放在空碗里，慢慢注入步骤16。

中途，将滤网浸泡在煮汁中，用圆勺搅拌，加速过滤。难以过滤时，用少量的水冲落。

过滤结束，滤网里只剩下豆皮和胚芽等杂物。杂物去除干净后，豆馅更加顺滑细腻。

快速注入适量的水，但不要溢出来。用圆勺搅拌漂洗，静置 5 分钟左右。

◆ 注入的水随后还会倒出来，分量适宜即可。

生豆馅沉淀后，轻轻撇去上层的水。此时上层的水还比较混浊。

22

再次快速注入适量的水，参照步骤20的方法漂洗、静置5分钟左右。如此重复5~6次，至上层的水澄清为止。

此道工序适合在大碗中操作。这样可以使用大量的水，减少漂洗的次数。

23

上层的水澄清至可以看到沉淀在碗里的生豆馅时，即可停止漂洗。

24

慢慢撇去上层的水。

25

将准备好的束口袋铺在碗里，盖住碗口。

26

用圆勺搅拌步骤24，使生豆馅浮起来，然后一次性注入步骤25的袋子里。用少量水冲洗碗里残留的生豆馅，倒入束口袋。

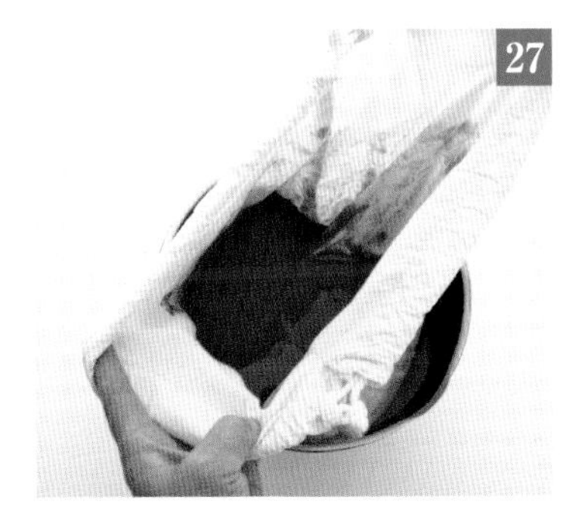

27

提起束口袋的上端，使水稍稍下落，之后用力收紧袋口。

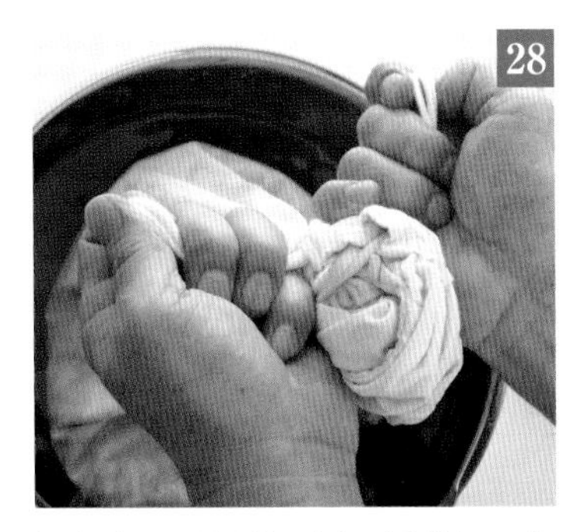

28

折起来，用绳带一圈一圈缠好，绑紧。往上提起束口袋，挤干水分。

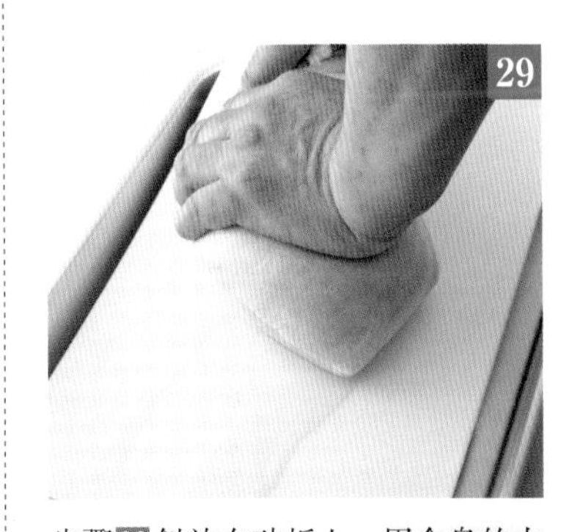

29

步骤28斜放在砧板上，用全身的力气挤干剩余的水分。不时变换一下袋子的方向，确保每个地方都被挤过。

红豆的细微颗粒间还有水分，需要从多个角度用力挤干。

30

水分挤干后如图所示，移到擦干的碗里。再取一个碗，注入水，口袋翻到反面，把口袋里残留的部分在碗里涮洗干净，沉淀后撇去上层的水。

理想的状态是，挤干后为原来红豆重量的1.6倍。

砂糖倒入锅中，撇去步骤30清洗口袋的碗中上层的水后，将剩余的部分加入其中。取步骤30挤干的生豆馅的 1/3 加入其中。

◆ 必须要有一点水分，才能化开砂糖，不必担心。

用木质刮刀轻轻搅拌，开中火加热。不时搅拌一下，化开砂糖。用浸湿的厨房纸擦掉锅边的豆馅。

◆ 要在豆馅凝固糖化之前擦干净。

砂糖化开后将火稍微调大一点，搅拌加热至 110℃。

加热至 110℃时，整体呈黏稠状，沸腾的地方还会短时间出现小洞。

◆ 加热到这个温度才能去除砂糖的异味，让甜味更柔和。

调至小火，将剩余生豆馅的其中一半加入其中，搅拌。

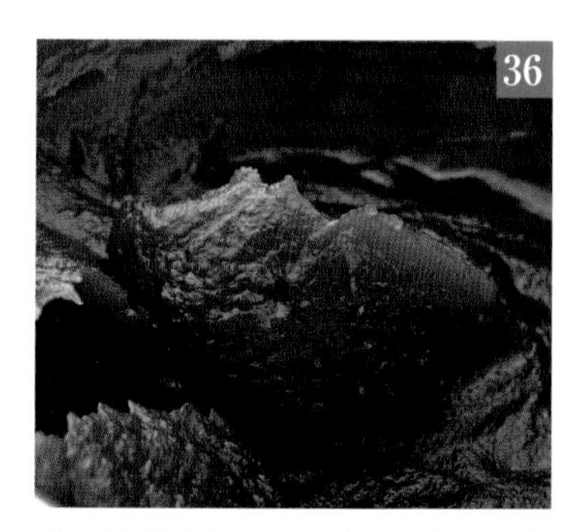

当豆馅的光泽褪去、挑起落下后表面会留下尖角即可。

◆ 有光泽说明糖分混合不均匀。搅拌至光泽褪去、略微呈哑光的状态为止。

调至微火，加入剩余的生豆馅，搅拌均匀后关火。再利用余热继续搅拌一下，趁热将硅胶刮刀上的豆馅贴到锅边。数秒后再从锅边完完全地刮下来。参照红豆粒馅步骤25～27的方法移到方盘中，放平。表面晾干后敷上保鲜膜。

制作红豆沙馅时，分 3 次加入“生豆馅”的理由

制作红豆沙馅时，红豆的生豆馅要分 3 次加入，不停地搅拌。这样做是为了在豆馅中形成三种不同的颗粒。第一种是生豆馅颗粒与糖分完全融合的状态；第二种是与糖分不充分融合的状态；第三种是糖分未融合的状态。与糖分融合后，生豆馅颗粒更有光泽，相互间更容易粘在一起。因此，如果所有的颗粒都与糖分完全融合，豆馅就会留在口中，难以化开，余味不足。而哑光的颗粒混在一起后，便会入口即化，回味无穷。

【用豆馅制作出快手甜品】

有了美味的豆馅，就可以轻松制作出绝妙的善哉红豆和汁粉红豆汤了。善哉红豆是用细腻的红豆粒馅搭配白玉团子制作而成，分量十足。不过，如果换用“红豆粒馅”步骤18的红豆和煮汁制作，口感会更加软糯。如果汁粉红豆汤是用一半红豆沙馅一半红豆粒馅制作，又会呈现出完全不同的风味。

红豆粒馅●善哉红豆

材料（1人份的用量）

红豆粒馅……………………… 70g
水……………………………… 适量
白玉粉……………………… 20~30g
温水（约30℃） ………… 适量

制作方法

1. 白玉粉倒入碗中，慢慢加入温水，同时用手揉匀。
2. 揉至面团的硬度比耳垂硬一点即可，揉成棒状，撕成小块。再揉成直径约2cm的团子状，中央用大拇指压出凹槽。
3. 锅中倒入热水（分量外），沸腾后倒入步骤2，煮熟。浮起后捞出来，放到冰水中，再滤干水分。
4. 红豆粒馅和少量的水倒入小锅中，加热。慢慢加入水，按个人口味调节浓稠度。
5. 将步骤3 3~4颗的白玉团子盛到木碗中，浇上步骤4。

红豆沙馅●汁粉红豆汤

材料（1人份的用量）

红豆沙馅……………………… 70g
水……………………………70mL
白玉粉……………………… 20~30g
温水（约30℃） ………… 适量

制作方法

1. 参照左侧善哉红豆的步骤1~3，制作出白玉团子。
2. 红豆沙馅和水倒入小锅中，加热，搅拌后化开。
3. 将步骤1的3~4颗白玉团子盛到木碗中，浇上步骤2。

白豆沙馅

与红豆完全不同，这款豆馅将白四季豆的醇味、甘甜、清香表现得淋漓尽致。纯净的乳白色，无论是想衬托面团的颜色，还是想为豆馅着色，白豆沙馅都是不二选择。

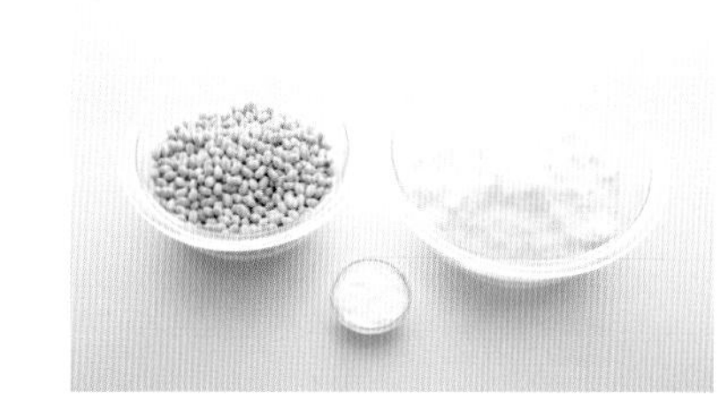

材料（成品约 1200g）

白四季豆*……………………500g

砂糖（上白糖）……………450g

小苏打………………………20g

水……………………………适量

* 白四季豆是白芸豆的一种，颗粒大。可以在制作和果子的材料店购买。

需要特意准备的材料

・束口袋（建议选择用厚平纹布缝制、织纹细密的束口袋）

・滤网（20 目）

将 750mL 水倒入大锅中，煮沸后加入小苏打。放入白四季豆，煮至泡泡从锅中央连续冒出，呈完全沸腾的状态。

一次性加入 100mL 水，轻轻混合，使小苏打始终保持均匀的状态。此道工序重复 3~4 次。豆皮慢慢出现褶皱。

豆皮的褶皱消失，呈现出透明感。当豆皮可以用手指捻落时，便可以把豆子倒入滤网中，用流水冲洗冷却。

滤干水分后倒入碗中，用拳头均匀压按，使豆皮脱落。

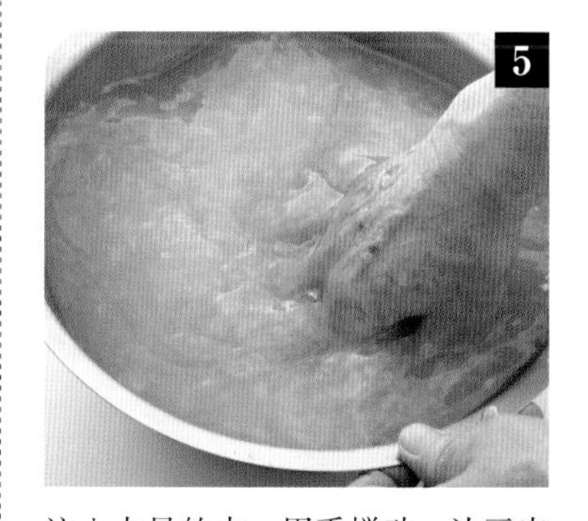

注入大量的水，用手搅动，让豆皮浮起来。倒掉水，去除豆皮。此道工序重复几次，豆皮减少后，倒入滤网中。无须冲洗豆子，滤干水分。

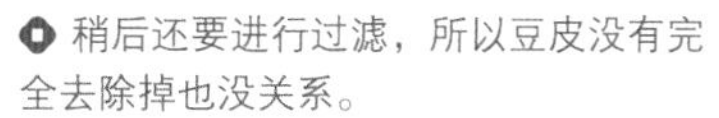
稍后还要进行过滤，所以豆皮没有完全去除掉也没关系。

锅里的热水煮沸后，倒入步骤5，稍微煮沸后倒入滤网中，撇去豆子的腥味。再在同一口锅中注入大量的热水，沸腾后加入豆子。稍微煮沸后调至小火。用铝箔制作的盖子盖好，煮 20 分钟左右，直至变软。煮好后如图。

参照 P90~92“红豆沙馅”的步骤13 ~ 16，用同样的方法从步骤6变软后的豆子中过滤出生豆馅，去除残留在滤网上的豆皮。再参照步骤17 ~ 19的方法，用细格滤网过滤，去除杂物。

参照“红豆沙馅”步骤20 ~ 24的方法，漂洗至上层的水变澄清。再按步骤25 ~ 30的方法，将豆馅倒入束口袋中，用力挤干水分。

白四季豆的颗粒较细，挤干时要小心一些。理想状态是，挤干后为原来豆子重量的 1.6 倍。

参照“红豆沙馅”步骤31 ~ 37的方法搅拌，冷却后移到方盘里，放平。表面晾干后敷上保鲜膜。搅拌好的豆馅贴在锅边，完全刮下来后的状态如图所示。

图书在版编目（CIP）数据

东京"岬屋"店主教你做和果子 /（日）渡边好树著；何凝一译. -- 南昌：红星电子音像出版社，2019.7
ISBN 978-7-83010-212-8

Ⅰ. ①东… Ⅱ. ①渡… ②何… Ⅲ. ①糕点—制作—日本 Ⅳ. ① TS213.23

中国版本图书馆 CIP 数据核字 (2019) 第 121366 号

责任编辑：黄成波
美术编辑：杨　蕾

东京"岬屋"店主教你做和果子
（日）渡边好树　著　　何凝一　译

策划制作： 北京书锦缘咨询有限公司（www.booklink.com.cn）
总 策 划： 陈　庆
策　　划： 李　伟
设计制作： 王　青

出版发行 红星电子音像出版社
地址 南昌市红谷滩新区红角洲岭口路 129 号
邮编：330038　电话：0791-86365613　86365618
印刷 北京美图印务有限公司
经销 各地新华书店
开本 185mm × 260mm　1/16
字数 27 千字
印张 6
版次 2019 年 11 月第 1 版　2019 年 11 月第 1 次印刷
书号 ISBN 978-7-83010-212-8
定价 49.80 元

赣版权登字 14-2019-313